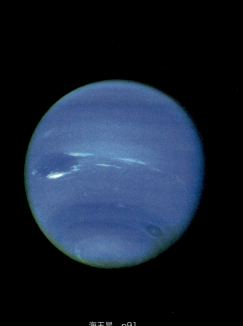

海王星　p91

火星　p87

マーズ・パスファインダーによって撮影された火星の表面（手前に見えるのが観測機）

# ぷちマンガでわかる宇宙

川端 潔／監修　石川 憲二／著　柊 ゆたか／作画　ウェルテ／制作

Ohmsha

本書は 2008 年 11 月発行の「マンガでわかる宇宙」を、判型を変えて出版するものです。

本書に掲載されている会社名・製品名は、一般に各社の登録商標または商標です。

本書を発行するにあたって、内容に誤りのないようできる限りの注意を払いましたが、本書の内容を適用した結果生じたこと、また、適用できなかった結果について、著者、出版社とも一切の責任を負いませんのでご了承ください。

本書は、「著作権法」によって、著作権等の権利が保護されている著作物です。本書の複製権・翻訳権・上映権・譲渡権・公衆送信権（送信可能化権を含む）は著作権者が保有しています．本書の全部または一部につき、無断で転載、複写複製、電子的装置への入力等をされると、著作権等の権利侵害となる場合があります。また、代行業者等の第三者によるスキャンやデジタル化は、たとえ個人や家庭内での利用であっても著作権法上認められておりませんので、ご注意ください。

本書の無断複写は、著作権法上の制限事項を除き、禁じられています。本書の複写複製を希望される場合は、そのつど事前に下記へ連絡して許諾を得てください。

(社)出版者著作権管理機構
(電話 03-3513-6969，FAX 03-3513-6979，e-mail：info@jcopy.or.jp)

JCOPY ＜(社)出版者著作権管理機構 委託出版物＞

## ☆まえがき☆

　この本のシナリオを書いている途中、たまたま別の仕事で一緒になったカメラマンが、唐突にこんなことを言い出した。

「最近、宇宙のことを考えるのが楽しいんですよね」

　なんでそんな話題になったのかわからない。ごく普通の雑談のなかで出た会話だ。理由を聞くと、カメラマンはこう答える。

「自分をとりまく宇宙がどんなふうになっているのか想像するのは、仕事とはまったく頭の使い方が違うから、気持ちがいいんです」

　なるほど、と思った。たしかに仕事では、ミスをしないためにやたら細かいことを気にし続けなければならない。その結果、長く単純作業をしていると一部の筋肉だけが痛くなるように、頭の中が疲労してくる。試験勉強なんかもそうだ。
　そんなとき、ふだん、あまりしない「思考」をするといい。要するに、軽い運動をして筋肉の疲れをとるのと同じ方法だ。
　「宇宙ってどうなってるんだろう？」などというテーマは、まさにぴったりだろう。カメラマンが言いたかったのは、まさにそういうことだ。
　宇宙について考えるのは僕も好きなので、いくつか知識を披露した。
「宇宙ってすべてが動いているし、空間そのものも膨張しているから、座標などで特定の場所を示すことができないんですよ」
「銀河系を構成している物質やエネルギーのほとんどは、まだなんだかわかっていないそうです」
「もしかすると、私たちの宇宙以外にも別の宇宙があるのかもしれませんよ」
　あまりにあいまいで、知識というより噂話みたいだが、それでもカメラマンも興味を示したので、しばし2人で天空に思いを巡らせた。短い会話だったが、すごく楽しかった記憶がある。

　なぜ、宇宙がおもしろいのか？

　もしかするとそれは、いくら考えても答えに行き着かないからかもしれない。
　もちろん、これまで人類は宇宙に関して多くの知識を蓄えてきた。宇宙だけでなく物質誕生の秘密にも迫るビッグバン理論や、宇宙空間の大規模構造の発見などは、「宇宙の全貌」に迫る貴重な答えだ。
　ところが、新たな知見が加わるたびに、それ以上の多くの謎が生まれてしまう。つまり、「山の向こうが知りたくて登ったら、また向こうに山があり、そしてまた向こうに……」といったのが、宇宙に関する研究の歴史なのである。

　例えば月について。
　月世界に水があるかという問題は、かなり長いこと論議されてきた。もし大量の水があるなら、それを分解することで酸素がつくれるし、飲み水としても利用できるから、月面基地の建設に大きな希望が生まれる。それだけに、人類にとっては重要なテーマなのだが、この見解も二転三転してきた。
　月を構成する物質は地球と似ていることから、単純に考えればそこには最初、水があったはずだ。ところが、この「星」はほとんど大気をもたないため、やがて水分は蒸発して宇宙空間に散ってしまい、あとに残ったのが、あの砂漠のような風景だというのが長いあいだ考えられてきた月の姿である。ところが両極（北極と南極）付近に常に日陰となるクレーターがあることがわかると、「もしかして水が氷のまま保存されているのでは」との期待論が高まってきた。さて、結果はいかに？
　現在、月の周回軌道を回りながら観測を続ける日本の探査機「かぐや」からの最新報告によると、残念ながら南極付近には氷の存在は確認されなかったとのことだ。土の中に隠れている可能性はあるものの、「たとえ水や氷があっても非常に少ないはず」というのが現段階の最新の結論である。ただし、今後、地中の調査が進めば、また「答え」は変わりそうだ。
　もっとも身近な天体である月についてもこれだけの謎があるのだから、太陽系、銀河系、銀河群……と対象を広げていけば、もう、わからないことだらけだ。それでも、一生懸命、真実に近づこうとしてきた先人たちの努力に敬意を表しながら、自分なりに想像し、推測をしてみる思考実験は、頭の柔軟体操になるだけでなく、もしかするとノーベル賞級の発見につながるかもしれない。

　本書の主人公である３人の女子高生たち、カンナ、グロリア、ヤマネも最初は軽い気持ちで宇宙に興味を示すのだが、知識が深まるに連れて、どんどんその魅力にはまっていく。そして物語が終盤に入るころには、不完全ながらも天文学や宇宙物理学の最前線にまで到達するのである。
　そんな彼女たちの物語を楽しんでいただくために、マンガや解説文のなかでは難しい話は、極力、避けたつもりだ。僕自身、科学書に数式が出てきたとたん、放り投げたくなってしまうタイプなので、この点はできるだけ気をつけている。途中、しかたなくいくつか数式は出てくるものの、読み飛ばしてもまったく問題がないので安心してほしい。
　宇宙は誰の頭の上にも平等に広がっている。というより、私たち自身が宇宙の一部なのだから、科学者でなくてももっと自由に想いを巡らせていいはずだ。

「宇宙のことを考えるのが楽しいんですよね」

　本書を読んだあと、みなさんにそう思っていただければ、作者として最高に幸せである。

　2008年10月

石 川 憲 二

# 目次

## プロローグ 「月」から始まる物語　　1
- ☆かぐや姫のストーリー☆　　10
- ☆かぐや姫の物語は宇宙観察の成果!?☆　　18

## 第1章　地球は宇宙の中心か？　　23
- ★1-1　空に現れた謎の光★　　24
- ★1-2　太陽は地球の周りを回っている？★　　34
- ★1-3　2300年前にもあった地動説★　　40
- ★1-4　天動説から地動説へ★　　50
- ★1-5　宇宙の距離感★　　56
- コラム　水平線までの距離はどのくらい？　　66
- コラム　「宇宙」の大きさを測る方法1　月までの距離はどのくらい？　　67

### ☆「天動説 vs. 地動説」バトルロワイヤルの行方☆　　70
- ☆「ケプラーの法則」のちょっと難しい解説☆　　75

## 第2章　太陽系から銀河系へ　　81
- ★2-1　もし、かぐや姫が太陽系の惑星から来たら？★　　82
- ☆太陽系のかぐや姫☆　　84
- ★2-2　天の川、ミルキーウェイ、銀河★　　100
- ★2-3　銀河系の大きさは太陽系の何倍？★　　106
- ★2-4　銀河系の中心には何があるのか？★　　108
- コラム　銀河系の謎ベスト5！　　110
- ★2-5　銀河系はたくさんある銀河のひとつ★　　112

### ☆人類にとっての「宇宙」はどんどん大きくなっている☆　　118
- コラム　「宇宙」の大きさを測る方法2　宇宙空間を利用した三角測量という裏技　　126
- コラム　身近な宇宙なのにまだまだ謎がいっぱい　太陽系の大きさはどのくらいか？　　128

## 第3章　宇宙はビッグバンで生まれた　　　　　　　　　　**129**

- ★ 3-1　宇宙という海に浮かぶ島「銀河」★　　　　　　　130
- コラム　「宇宙の大規模構造」とは？　　　　　　　　　140
- ★ 3-2　ハッブルの大発見★　　　　　　　　　　　　　142
- ★ 3-3　宇宙が膨張しているなら……★　　　　　　　　151
- ★ 3-4　すべてはビッグバンから始まった★　　　　　　161
- コラム　ハッブルの宇宙膨張説は不完全だった!?　　　162
- コラム　ビッグバン宇宙論が認められた3つの理由　　166

### ☆宇宙人はいるのか、いないのか？☆　　　　　　　　　**180**

- コラム　「宇宙」の大きさを測る方法3　星の性質をよく知れば距離もわかってくる？　186

## 第4章　宇宙の果てはどうなっているのか？　　　　　　**189**

- ★ 4-1　宇宙をまっすぐ進んだ先★　　　　　　　　　　190
- ★ 4-2　いちばん近い地球型惑星★　　　　　　　　　　201
- ☆かぐや号の旅双六☆　　　　　　　　　　　　　　　204
- ★ 4-3　到着した宇宙の「果て」★　　　　　　　　　　206

## エピローグ　宇宙はひとつしかないのか？　　　　　　　**211**

- コラム　「宇宙はいくつもある」という多元宇宙論　　217

### ☆宇宙の果て、宇宙の誕生、そして宇宙の最後……☆　　**218**

- コラム　宇宙空間で使うのはガウスの曲率　　　　　　220
- コラム　アインシュタインの失敗はまだまだ続く　　　225

監修のことば　　　　　　　　　　　　　　　　　　　　230
参考文献　　　　　　　　　　　　　　　　　　　　　　231
索引　　　　　　　　　　　　　　　　　　　　　　　　235

プロローグ
「月」から始まる物語

## ☆☆☆かぐや姫のストーリー☆☆☆

　むかしむかし、おじいさんが細工用の竹を取りにいくと、1本だけ根元の光っている若い竹がありました。不思議に思って切ってみたところ、中から現れたのは手の平に乗りそうな小さな女の子。おじいさんは「子どものない私たちを哀れんで神様がおさずけくださったのだろう」と連れて帰り、おばあさんと一緒に育てることにしました。

　その後、おじいさんが取った竹には黄金が入っていることが何度もあり、だんだん生活は豊かになってきます。そして女の子はどんどん大きくなり、3カ月ほどで年ごろの娘に育ちました。

成長ハヤッ！

まあまあ、
お話だから…

　かぐや姫と名づけられた娘はたいそう美しく、都でも評判になります。しかし多くの男が集まってくるものの、彼女はいっさい関心を示しません。

　それでも、あきらめきれない5人の男がついに求婚します。

　それに対して、かぐや姫は絶対にもって帰ってこられないような珍しい宝を示し、手に入れることを承諾の条件にしました。当然、誰も成功しません。

宝って何よ？

竜の首で五色に光る玉とか、そういうものよ

それを言われた大伴の大納言という人は、自分では動かずに家来に任せたらあっさり裏切られて、みんなどこかに逃げてしまうんだね。仕方なく自ら船を出すんだが、嵐にあったり大変なことになる。物語としては、このような人間臭いドタバタ劇がおもしろいんだけど、今回は先を急ぐよ

それから3年後、かぐや姫は月を見ると物思いにふけり、秋の満月が近づくにつれ激しく泣くようになりました。心配したおじいさんがわけを尋ねると、「私はこの国の人ではなく月の都の人なのです。十五夜には帰らなければなりません」と答えたのです。

ジューゴヤっていつですか？

旧暦の8月15日の夜。今で言えば9月ごろの満月の日のことよ

その日、かぐや姫を引き留めようと、帝は多くの軍勢で家の周りを固めます。しかし月からの使者にはまったく歯が立たず、彼女は見えない力に引きずられるように家の外に出てしまいました。
　かぐや姫も抵抗することはできず、帝への手紙と不老不死の薬をおじいさんとおばあさんに渡し、使いの者に差し出された天女の羽衣を着ます。すると、それまでの記憶はいっさいなくなり、月に帰っていきました。
　手紙を読んだ帝は、「もう会えないのであれば、死なない薬などいらない」と、それを月にいちばん近い、国でもっとも高い山の上で焼いてしまいます。不死の薬を焼いたことから、この山は、その後、富士山と呼ばれるようになったのです。

## ☆かぐや姫の物語は宇宙観察の成果!?☆

### ★なぜ昔の日本人は月を天体だと思ったのか？

　竹から生まれたかぐや姫が、やがて月に帰っていく。日本人なら誰もが知っている竹取物語は、約千年前に書かれた「源氏物語」において「(竹取の翁は) 物語の出で来はじめの祖」と紹介されていることでもわかるように、非常に古くから伝えられてきた話だ。しかしそんな昔に、私たちの祖先がなぜ「月に人の住む都がある」と考えたのか、かなり謎である。

　人類は長いあいだ、宇宙を「自分たちの住む世界の周囲を包む小さな空間」程度にしか考えていなかった。古代に描かれた宇宙図を見ても、太陽や月、星などの天体はすべて大地（地球）を囲む殻の表面に貼り付いているだけの小さな存在に過ぎない。そんな宇宙観のもとでは、かぐや姫の物語など生まれなかったはずだ。

### ★古代インドの宇宙観

　とぐろを巻いた巨大なヘビの上にカメが乗り、さらにその上にいる3匹のゾウが半球状の地球を支えている。太陽は大地の中心にある高い山（須弥山＝しゅみせん、ヒマラヤを示すと言われている）の周りを回って現れたり隠れたりし、月はこの山にいる夜の番人のもつ灯りで、その向きによって満ち欠けすると思われていた。

古代インドの宇宙観

### ★古代エジプトの宇宙観

　天空の女神であるヌートが大気の神シュウに支えられている。ヌートはナイル川の象徴と言われ、そこを太陽神ラーが毎日ボートで行き来することにより昼と夜が生まれる。月や星はヌートの身体に吊り下がっていると思われていた。

古代エジプトの宇宙観

★古代バビロニア（メソポタミア）の宇宙観

　シュメール人たちは天球と呼ぶ巨大な丸天井に月や星が貼り付いていると考えていた。天球はアララト山に支えられ、その内面を太陽が東から西へ移動する。

古代バビロニアの宇宙観

★独自の天文学を進歩させていた中国

　このような「想像上の宇宙」に対し、科学的に宇宙のモデルを考えていこうとしたのが古代の中国とギリシャだ。

　中国では今から2400〜2000年前ごろ、観測の結果に基づき、いくつかの宇宙論が生まれている。代表的なのが蓋天説と渾天説だ。

　蓋天説は水（海）に囲まれた半球状の地球の上に蓋をするようにドーム型の宇宙（天）があり、北極を中心に東から西へと1日に1回転する。太陽も天球上で円を描き、その大きさは季節によって変わる。

蓋天説

　渾天説は「天のすべて」という意味の名称が示すように、蓋天説を発達させて、より正確に天体の動きを表そうとしている。天球はドームではなく卵の殻のように全体を包むようになり、天の北極は真上ではなくずらすことで、季節による星座の変化なども説明しようとした。

　ただし、この段階で地球を球体と考えていたか、あるいは大地が水に浮かぶだけだとしていたのか、いくつかの説があってはっきりしない。

渾天説

## ★地球の大きさまで計算した古代ギリシャ

　一方、現代の数学や物理学に通じる論理的な思考で宇宙の姿を解明していこうとしたのが古代ギリシャ人だ。その最大の成果のひとつは、地球を宇宙に浮かぶ球形の天体としたことだろう。

　ヘレニズム時代のエジプトで活躍したギリシャ人学者のエラトステネス（BC275〜BC194）は、次のような方法で地球の大きさまで計算している。

## ★エラトステネスの計算方法

　あるときエラトステネスは、パピルスに書かれた文献に、エジプト南部のシエネでは夏至の正午に垂直に立てた棒に影ができないという内容の記述を発見した。つまり太陽が真上（天頂）に来ているわけで、これは北回帰線以南でしか見られない現象だ。

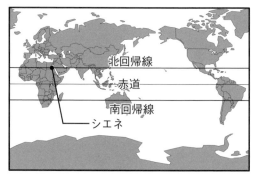

回帰線と赤道

　驚いた彼は、エジプト北部のアレキサンドリアではどうなるか、さっそく実験する。その結果、棒の影は消えることはなかった。

　このことからエラトステネスは、当時、一部の学者のあいだで言われていた「地球は球体なのではないか……」という説を確信する。そしてこれらの事実から、地球の大きさを測定してみた。

　まず棒の影の長さを測る。するとアレキサンドリアでは、同じ日の同じ時刻、太陽の光は垂直から7.2度ずれた方向から来ていることがわかった。

　次にアレキサンドリアからシエネまで人を歩かせ、歩幅からその距離が5000スタディア（当時の単位で、約925km）であると知る。あとは次の式で地球の全周がわかった。

$$925\text{km} \times \frac{360\text{度}}{7.2\text{度}} = 46250\text{km}$$

　ちなみに地球の全周は4万kmだが、時代を考えればエラトステネスの出した答えは驚くほど近いものだ（この逸話には、棒ではなく井戸の底まで太陽の光が入ってくるのを見て思いついたという異説があるほか、計算の結果も約4万キロメートルで、ほぼ正確だったという言い伝えもある）。

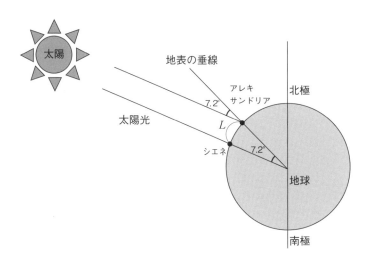

エラトステネスの計算方法

## ★地球が丸ければ、月だって丸い

　もっとも、地球が丸いことに気づいていたのは、エラトステネスのような学者だけではなかったはずだ。なぜなら、海と関わりをもって生きてきた人にとって、水平線より先が見えないことや、近づいてくる船は必ず帆の先から現れるという「平面では考えられない現象」は常識だったからである。

　エラトステネスが活躍した古代ギリシャは、地中海に広がる海洋国家でもあった。それだけに、「地球は丸いのではないか？」といった感覚は、多くの人がもっていたのかもしれない。

　一方、月についても、光の当たる様子を正確に観察していると、平面ではなく球面だということは、視力

丸い地球

のいい人であれば容易にわかるはずだ。例えば拡大写真を見れば、縁の部分や満ち欠けの境目は明らかにグラデーションになっており、もしお盆のような平面の月であればこのような現象は考えられない。

さて、かぐや姫に話を戻そう。

日本は海に囲まれた国である。したがって水平線の存在には気づいており、そこから「地球は丸い」と思っていた人は、案外、古くからいたのではないだろうか。そのひとつの証拠として、16世紀に来日したヨーロッパ人宣教師は自分たちの進んだ科学知識を披露しようと織田信長などの大名に地球儀を見せたらしいが、彼らの予想に反し、ほとんどの日本人は驚きを示さなかったという。

そしてまた日本人は、ウサギの伝説でもわかるように古くから月に親しみを感じ、眺めてきた。祭事としてのお月見は中国から伝わったものらしいが、月を愛でる習慣自体は縄文時代（約1万6500年前から約3000年前まで）からあったと言われている。当然、月が球体であることにも気づいていたはずだ。

**古くから日本人に愛された月**

地球も月も同じように丸く、宇宙に浮かぶ存在であれば、「どっちにも人がいていいはず」という発想は自然に生まれる。それが、かぐや姫の物語につながったという推理は、あながち間違っていないように思えるのである。

## 第1章
## 地球は宇宙の中心か？

★1-1　空に現れた謎の光★

★ 1－2　太陽は地球の周りを回っている？ ★

# ★1-3 2300年前にもあった地動説★

紀元前3世紀アリストテレスより少し後の時代に生まれたアリスタルコスという学者は最初は天動説について宇宙の姿を解明しようとしていました

しかし観測を続けるうちにひとつ疑問をもつようになります

アリスタルコス
BC310?～BC230?
古代ギリシャの天文学者・数学者

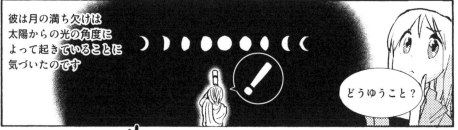

彼は月の満ち欠けは太陽からの光の角度によって起きていることに気づいたのです

どうゆうこと？

こーいうことだよ

となると例えば半月のときは太陽が真横から照らしているはずです

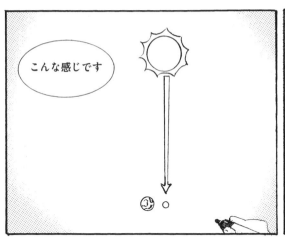

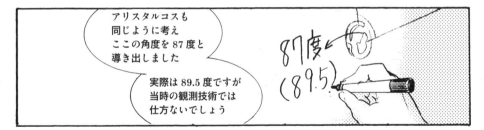

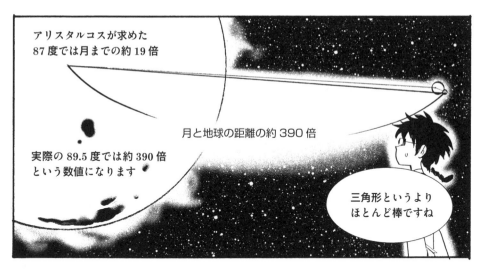

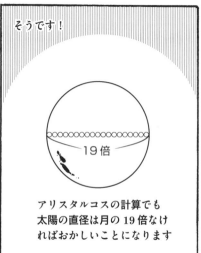

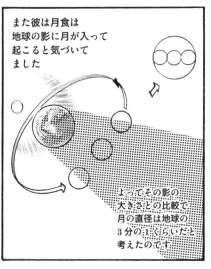

## ★1−4　天動説から地動説へ★

えー、惑星はギリシャ語で『さまよう星』と呼ばれたことが語源になっているように、その不思議な挙動は長いあいだ謎とされてきました。他の星々、つまり恒星が天球上で同じ位置関係を保ちながら回転運動しているのに対しうろうろと居場所を変えるからです

昔、プラネタリウムでそんな説明を聞いたわ

プラネタリウム（Planetarium）という名前も惑星のプラネット（Planet）から来たもので、惑星の複雑な動きを再現するために開発されたそーです

あんたけっこういろいろ知ってるのね

英語で教わってますから

英検、何級？

つまんないギャグ入れないのっ

さて、さっき先生が描いた最初の天動説のモデルでは、このような惑星の挙動は説明できません。太陽や月と同じ動きをしなければおかしいからです

じゃあ、その段階で天動説をあきらめればよかったのに

そうはいきません。そこで登場するのが、さっき少しだけ話に出てきたプトレマイオスです

誰？ いつの人？

えーと……

生没年はよくわかっていないのですが、2世紀ごろ、古代ローマ時代のギリシャで活躍した天文と地理の学者で、彼の残した世界地図は中世まで使われていたほどです
そんな人物だけに、天動説でも惑星の動きを説明できる方法を考えついたのですね

クラウディオス・プトレマイオス
AD90 ? 〜 AD168 ?
古代ローマ時代のギリシャ人天文学者、地理学者。『地理学』という本のなかで描いた「世界地図」は、世界で初めて経緯度を用い、また「北が上」という現代に通じる表記法を確立した

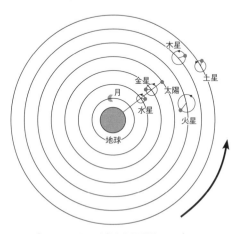

プトレマイオスが考えた天動説のモデル

そうですそうです。前ページの下に示してあるのがそれです

 プトレマイオスの天動説でも地球の周りを月や太陽、その他の惑星が回っている点は先ほどの古代ギリシャ人が考えた天動説とかわりありません。しかしそれでは逆行したりする惑星の動きが説明できないので、プトレマイオスの天動説では太陽と月をのぞき、それぞれ惑星が軌道上の点を中心にして公転しているとして逆行する惑星の動きを説明しています

 なるほど、うまく考えてますね

 水星と金星はなぜ太陽と直線上に並んでいるのですか？

 水星と金星が常に太陽の近くに見えることを説明するためにです

 なるほど、太陽と一緒に地球の周りを回っているのだから常に太陽の近くに見えるということですね

 あのー……

 どうしたのですか？

天動説の惑星の動き

なんか、この図、無理して作ったぽくない？

確かに、すっきりはしませんね。これだと惑星は渦を巻くように公転していることになります

最初の天動説の図に比べると、なんかオトナの事情で修正を加えたって感じね

そーそー、ワタシたち的には、ちょっと納得できないってゆーかー

そうかなあ。これはこれで、よくできてると思うけど……

感想はともかく、コペルニクスの地動説モデルと比べてみましょうか

わかりました。プトレマイオスの図は、結局、1400年近くにわたって信じられていくのですが、これに異を唱えたのが、さっき名前の出てきたコペルニクスです。1543年に書いた『天球の回転について』という本のなかで地動説をもとにした惑星の軌道計算を行っています
詳しくは70ページの解説を読んでみてください

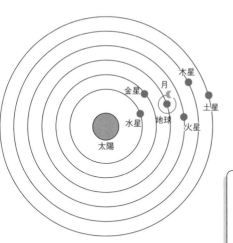

すっきり！

シンプルですね

個人的には、天動説でもなんとか惑星の動きを説明しようとしたプトレマイオスの発想も天才的だと思うんだけどなあ……

お兄ちゃん、なんでそんなに天動説の肩もつのよ。これ見たら、どう考えても地動説のほうが正しいってわかるじゃない！

え？　さっきと立場が変わってないか

人間、流行に敏感じゃないといけないのよ

あんたみたいな人ばっかりだったら、ガリレオも宗教裁判にかけられないですんだかもしれないわね

ガリレオ・ガリレイ
1564 〜 1642
イタリアの物理学者、天文学者、哲学者

ははは、でも地動説が正しいという意味は絶対的な真実という意味ではなく、比較の問題と言ったほうが当たっています。天動説も観測される惑星の動きを説明できるという点では正しいと言えるのです

天動説も正しい？ もー結局どっちが正しいのー！

みなさんは「オッカムの剃刀」という言葉を知っています？

「同じ事柄を説明できる理論が複数存在する場合、その中でより簡単なものを正しいと考える」考え方のことですよね？

その通りです。その考え方をこの天動説と地動説にあてはめて考えてみると「惑星の動きを説明するのに天動説よりも地動説の方が簡単な設定ですむから正しい」となります
そのことから地動説が正しいと言っているだけのことなのです

確かにコペルニクスの図の方がすっきりしてるもんなぁ…

シンプルイズザベストですね！

## ★1-5 宇宙の距離感★

### ガリレオの発見１：
### 木星に４つの衛星を見つける

地球以外の惑星にも衛星のあることが発見されたことにより、「月をもつ地球だけが特別」という考えに基づく天動説の根拠が揺らぐ。

### ガリレオの発見２：
### 金星の（見た目の）大きさが変化する

肉眼ではわかりにくいが、望遠鏡で観測すると金星は大きさを変えることを発見した。天動説では地球と金星の距離は一定（らせん状軌道だとしても、ほぼ一定）であり、この事実と完全に矛盾する。

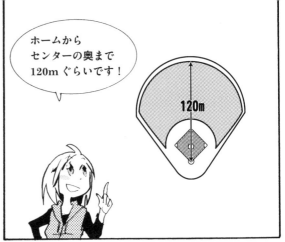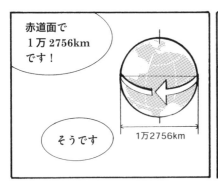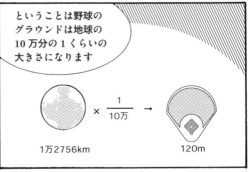

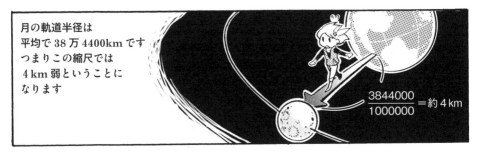

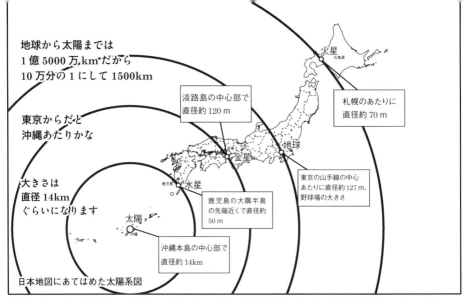

あっ!

そっか…
UFOじゃなくて
金星だったのか…

ちょっと
ざんねん

## 水平線までの距離はどのくらい？

　もし地球が平面だったら、空気が澄んでいる限り、無限の先まで見通すことができる。それは図を描いてみればあきらかだ。

　水平線があるのは、地球が丸いという証拠にほかならない。

　それでは、水平線までの距離はどのくらいなのだろうか。

　地球の半径を $r$、視点までの高さを $h$ とすると、その距離 $L$ との関係は、三平方の定理により次のようになる。

$$(r+h)^2 = r^2 + L^2$$

だから

$$L = \sqrt{(r+h)^2 - r^2}$$

$$= \sqrt{2rh + h^2}$$

　地球の半径 $r$ は約 6400km なので、$h$ が普通の人の眼の高さの1.5m（0.0015km）とすると、$L$ は約4.4km。つまり、砂浜から海を眺めた場合、私たちは4kmちょっと先までしか見ることはできないのである。

　ちなみに、高度約1万m（10km）を飛ぶジェット機から見た場合でも約360km。せいぜい東京から京都といった程度で、そこまで昇っても「海外」が見えるわけではない。

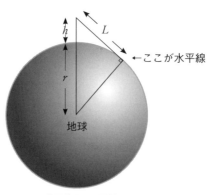

水平線までの距離

「宇宙」の大きさを測る方法1
# 月までの距離はどのくらい？

●ミリ単位まで正確に測定されている月までの距離

　月は現在、1年ごとに約3.8cmずつ地球から離れているそうだ。平均距離が約38万5000kmなので、「約1億年で1％距離が伸びる」といった程度の話だが、それにしても、天体までの距離がミリメートル単位で測定できるというのは、すごい話である。

　これだけの測定精度が可能になったのは、1969年以降に打ち上げられたアポロ宇宙船のおかげだ。アポロ11号、14号、15号は、地球から放射したレーザー光が反射するように、月の表面に「鏡」を置いてきた。この鏡は姿見などとは異なり、光がどの向きから入ってきても、正確にその方向に反射するように表面が工夫されているコーナーキューブミラーというものだ。

　したがって、そこに当たった光が戻ってくるまでの時間を調べることで、正確な距離測定ができるようになった。ちなみに、光の速度は秒速29万9793kmで常に一定であり、距離を測る「物差し」としてはもっとも適している。

**月面に置かれた距離測定用の鏡**

●コーナーキューブミラーの仕組み

　わかりやすく2次元のモデルで説明すると、右の図のように2枚の鏡を直角に組みあわせたような構造になっており、このため光が鏡に入ると入射角と同じ角度で出ていく。3次元でも仕組みは同じだ。

　コーナーキューブミラー自体はめずらしいものでもなんでもなく、自転車や道路標識の反射板などに使われている。

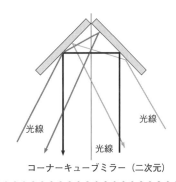

**コーナーキューブミラー（二次元）**

なお、アポロ宇宙船が月にもっていったものは、同じ仕組みをプリズムで作ったもので、正確にはコーナーキューブプリズムである。

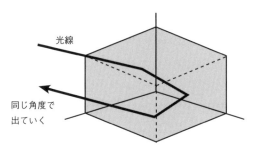

コーナーキューブミラー（三次元）

●アポロの前は2000年前と同じ方法しかなかった

それではアポロ宇宙船が到達する前は、月までの距離はどうやって調べていたのだろうか？

実際に行けない場所までの距離を測る方法として、もっとも一般的なのは三角測量だ。正確に長さのわかっている線AB（基線）の両端から「測りたいもの」を観測し、その視線の角度から三角関数を使って距離を求める技術は、紀元前3000年ごろの古代エジプトではすでに確立していたという。そして今から2500〜2000年前、ギリシャを中心に科学が著しく進歩した時代、地理学や天文学の分野でも盛んに応用されていく。有名なのは20ページで紹介したエラトステネス（BC275〜BC194）が地球の大きさを測ったエピソードだろう。

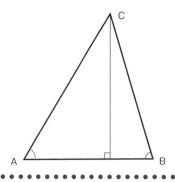

ABの長さがわかっていれば、∠BACと∠ABCを調べることで、AC、BCなどすべての長さを求めることができる。

そして、月までの距離を測ったのが、エラトステネスの次の世代であるギリシャの天文学者ヒッパルコス（BC190 ? 〜 BC120 ?）だ。ただし、残念ながら、彼がどんなやり方をしたのかは伝わっていない。基本的には距離のわかっている2点で同時に月の見える角度を測ったのだろうが、時計のない時代にどうやって「同時」を知るのかについては、日食か月食を利用したのではないかと言われている。

　その結果、「月との距離は地球の半径の59〜72.3倍」と結論づけたそうで、実際は約60倍だから、それなりに精度は高かったようだ。

　そしてアポロが月面にレーザー反射用のミラーを置いてくるまで、月までの距離を測る方法は古代ギリシャと基本的に変わっていない。もっともわかりやすいのは、同じ時刻に月面上の中心点が天頂に見える場所Aと水平（水平線や地平線と重なるところ）に見える場所Bを探す、というものだ。AB点が同じ経度であれば、そのまま緯度の差が∠BOCとなるわけで、あとは地球の半径BOを用いて、BO × tan（緯度の差）から月までの距離BCが求められる。ただしOは地球の中心である。

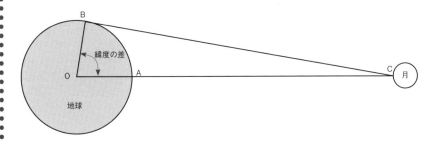

**地球から月までの距離を測る方法**

## ☆「天動説 vs. 地動説」バトルロワイヤルの行方☆

### ★どっちが勝つか、戦いの火ぶたは切られた！

「目」で観察したものがすべて真実とは限らないことを、私たちは多くの経験から知っている。いちばんいい例が鏡だ。覗き込むと自分そっくりの人が見えるが、今どき「む、む、向こうに、もうひとり私がいる！」などと大騒ぎするやつはいない。

まあ、鏡の場合は、裏を返せば、そこにアナザーワールドがないことはすぐにわかるから、「光の反射」という物理現象を考えなくても自分の像だけが映っているのは納得できるが、観察する対象が宇宙となると、人はなかなか「見えているもの」の呪縛から逃れられない。そしてそれが真実のすべてだと思い込む。

確かに太陽も月も夜空に輝く多くの星も、私たちの地球を中心にして回っているように見える。だから、宇宙のモデルが天動説から始まったのは当然のことだ。

だいたい、もし地球が動いていたら、われわれは大地の上に立っていられないじゃないか！振り落とされて宇宙のどこかに飛んでいってしまうはずだ！　物理学が発達する前、この疑問に答えるのは決して簡単なことではなかった。

マンガにあるように、古代ギリシアを除けば地動説の可能性をちゃんと考えた人はずっといなかったから、ニコラウス・コペルニクス（1473〜1543）が登場するまでは天動説派の独擅場だったと言っていい。

### ★天動説の惑星はどんな軌道を描いていたのか？

天動説が長きにわたって宇宙モデルの主流でありえたのは、天体観測にそれと反する事実が発見されても、そのたびになんとか矛盾しないような理屈を考えてきたからだ。見える位置や明るさが微妙に変わる惑星の動きを説明したプトレマイオスの宇宙図は、まさにその代表である。

右にその一部をあげたが、確かにこれだけを見ると、真実なのではないかと思わせる説得力がある。

しかし、この図をもとに惑星の動きを展開していくと、実はけっこう奇妙だ。71ページの右上の図のように、まるで伸びきったバネみたいな軌道を描くことがわかる。月は円軌道なのに対して、なぜ惑星だけが宇宙空間を、うにゃうにゃとぐ

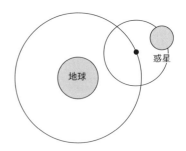

天動説による惑星の動き1

るぐる回りながら移動しなければならないのか。今考えると、わざわざ説明をややこしくしているとしか思えない。

それでも、当時の人はとにかく天動説を貫き通したかったらしく、次々と新しい観測結果が明らかになっても、そう簡単に地動説には走らなかった。

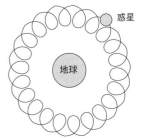

天動説による惑星の動き2

### ★天動説の締めを飾るブラーエの図

　天動説派たちの最後のがんばりとも言えるのが、ティコ・ブラーエ（1549〜1601）の天文図だ。
　デンマークの天文学者で、ガリレオ・ガリレイ（1564〜1642）の少し前の世代にあたるブラーエは、天動説と地動説の中間とも言える宇宙モデルを考えた。かなりの苦肉の策で、上半分を見たらもうほとんど地動説なのだが、作図のマジックで地球を中心に描いているところに、「なんとか地球だけは動かしたくない」という強い信念が感じられて、これはこれでなかなか味わいのある天文図に仕上がっている。

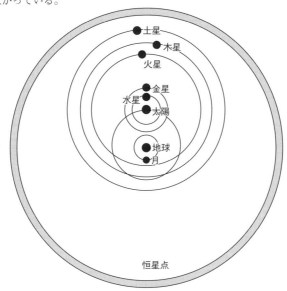

ブラーエの天文図

## ★コペルニクスはどこまで進歩的だったのか？

一方、地動説の方も、決して最初から有利に戦いを進めてきたわけではない。

冒頭にも紹介したコペルニクスは、結果的に宇宙論に革命をもたらしたことから、「コペルニクス的転回＝物事の見方が180度変わってしまうようなこと」といった言葉までできてしまったが、彼がどこまで進歩的な学者だったかといえば、疑問も残る。

だいたい、地動説を主張したのは、没年に出版した著書『天球の回転について』のなかでのことだ。だからコペルニクス自身がそれによって責められることはなかったのだが、これにはもうひとつ、彼の地動説はまだ不完全で、そもそも議論の対象にはならなかったという話もある。

例えば、コペルニクスは惑星などの軌道はすべて完全な「円」だと信じていたらしい。実際にはどれも正確には楕円なのだが（他の惑星の影響などを受けるため）、それを認めなかったため、彗星の動きなどはまったく説明できなかった。ちなみに、修正に修正を重ねてきた天動説末期の宇宙モデルでは、「彗星以外の観測できる天体の動きはすべて説明できる」というレベルにまでなっていたから、コペルニクスの地動説ではそれを完全にひっくり返すことはできなかったのだ。

なお、コペルニクスの宇宙モデルは、天動説の「地球」のところに太陽をもってきただけなので、正確には地動説ではなく太陽中心説だと主張する学者も最近では多くなってきている。

## ★地動説を完成させたのはケプラー

不完全だった地動説を天動説に代わる宇宙モデルの主流にし、本当の意味で「コペルニクス的転回」をもたらしたのは、ドイツの天文学者、ヨハネス・ケプラー（1571～1630）だ。彼は惑星の運動を歪んだ円もしくは楕円であるとし、最終的に次のような3つの法則を確立した（ケプラーの法則）。これにより、地動説は初めて、天動説よりも合理的で正確、そしてなにより「すっきりしていてわかりやすい」ものになったのである。

第1法則：惑星は太陽を1つの焦点とする楕円軌道上を動く。

第2法則：惑星と太陽とを結ぶ線分が単位時間に描く面積は一定である。

第3法則：惑星の公転周期の2乗と軌道の長半径の3乗の比は一定である。

なお、ケプラーがなぜ、複雑だと思われていた惑星の運動を簡単な法則にまとめることができたかというと、彼はその前に出てきたティコ・ブラーエの助手で、師匠の残した膨大な観測データを利用できたからだという説がある。ブラーエは非常にまじめな人だったようで、その観察の

記録は「望遠鏡が発明される以前のものではもっとも正確で精度が高い」と言われるほど。いわゆるガリレオ式と呼ばれる屈折望遠鏡が発明されたのはまさに死の直後であり、この順番が違っていれば、ブラーエは地動説の先駆者のひとりになっていたかもしれない（ケプラーの法則は75ページからもう少し詳しく解説してあります）。

## ★で、ガリレオは何をしたのか？

　一般的には、地動説といえばケプラーより有名なのはガリレオだ。

　雑談になるが、フルネームでガリレオ・ガリレイってことは、姓がガリレイなのだから、本来なら「ガリレイ」と書くべきなのだが、なぜだか海外でもGalileoのほうが通りがいいらしい。でも、どうして姓と名がこんなに似ているのか。

　彼の生まれたイタリアのトスカーナ地方では、長男の名前は姓を単数化したものにすることがあるそうだ。名前に単数複数と言われても困るが、要するに「佐藤さんたちを代表する佐藤さん」といった意味合いなのだろう。だから、向こうの人にとっては「ガリレオ＝ガリレイ家の長男」となり、かえってわかりやすいのかもしれない。

　さてそのガリレオ、宗教裁判で地動説派の代表のように扱われたが、彼もコペルニクスと同じで惑星の軌道は円だと考えていたなど、失敗も多い。なにしろ、ケプラーの法則が発表されたあとも（2人はほぼ同世代）、「惑星が楕円運動などするわけがない」と言い張っていたそうだから、かなりの頑固モノである。おそらく、そういう自己主張の強いところが、教会側との対立の原因になったのだろう。

　それでも、医学、数学、天文学、物理学とさまざまな学問分野を研究し、天体観測用の望遠鏡まで作ってしまったガリレオが天才だったのは間違いなく、特に「実験結果を数学的に分析して理論を組み立てていく」という今日の科学の方法論を確立した点は、まさに科学の父と呼ばれるにふさわしい偉業である。

## ★地動説が教えてくれること

　天動説と地動説による論争は、ケプラーの第3法則が発表された1619年（第1と第2は1609年）をもって決着が付いたとされるのが科学史上の定説だが、現実には、今でも人類の多くは、地動説の教える本当の意味を理解していないように思える。そのいい例が、ＳＦ小説や映画に頻繁に登場するタイムマシンだ。

　タイムマシンが現実に作れるかどうかは別として、ストーリーのうえではこの機械に乗った人は、時間を超えて旅をしても位置は移動しない。別の時代の同じ場所に現れるのがお約束だ。

　しかし、宇宙空間に時代を超えて「同じ場所」などあるのだろうか。

　地球は自転しながら太陽の周りを公転している。さらにあとの章で解説していくように太陽系そのものも銀河系の中で回転運動をしているし、銀河系もひとつのところにいるわけではない。つまり、宇宙のどの単位で見ても、止まっているものなどないのである。

　したがって、宇宙空間上で特定の場所を示すことはできない。みんな動いてしまって基準点がないのだから、数秒後の地球の位置ですら特定するのは不可能だ。

　そう考えていくと、地動説は「宇宙は常に動き変化している」という現代の宇宙論につながる理論の出発点とも言えるわけで、それこそがコペルニクス的転回だったのだが、当のコペルニクスが主張したのはあくまで太陽中心説であり、真の地動説ではなかったというのは皮肉な話。

　それにしても、地球だろうと太陽だろうと宇宙（万物？）の中心ではなく、しかも生々流転でみんな動き、変化しているなんて、科学を越えた哲学的な教えにすら感じてしまう。

## ☆「ケプラーの法則」のちょっと難しい解説☆

ケプラーの法則が意味するところを解説しておこう。

**第1法則：惑星は太陽を1つの焦点とする楕円軌道上を動く**

この法則で、ケプラーは惑星の軌道が円ではなく楕円であることを明確に示している。さらに、太陽の位置は楕円の中心ではなく、2つある焦点のひとつにあることを述べた。極端な形で図にするとこんな関係だ。

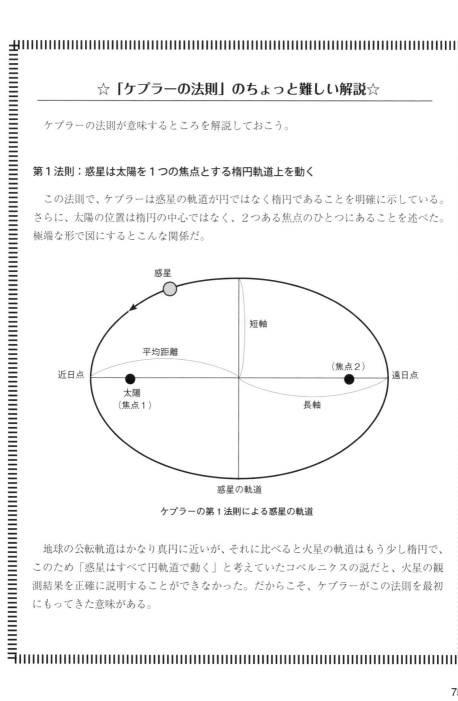

**ケプラーの第1法則による惑星の軌道**

地球の公転軌道はかなり真円に近いが、それに比べると火星の軌道はもう少し楕円で、このため「惑星はすべて円軌道で動く」と考えていたコペルニクスの説だと、火星の観測結果を正確に説明することができなかった。だからこそ、ケプラーがこの法則を最初にもってきた意味がある。

なお、「楕円の度合い」を示すのが離心率だ。前ページの図で言えば、

$$離心率 = \frac{焦点間の距離}{長径}$$

※長径とは楕円の径のうちのもっとも長いもので、前ページ図における近日点と遠日点を結んだ線となる。

真円の場合、焦点はひとつ（つまり円の中心）なので、離心率は0となる。太陽系の惑星の軌道離心率をまとめておいた。

| 惑星 | 水星 | 金星 | 地球 | 火星 | 木星 | 土星 | 天王星 | 海王星 |
|---|---|---|---|---|---|---|---|---|
| 離心率 | 0.2056 | 0.0068 | 0.0167 | 0.0934 | 0.0485 | 0.0555 | 0.0463 | 0.0090 |

**太陽系の惑星の離心率**

蛇足だが、数学において離心率は必ずしも「楕円の度合い」を表すだけではない。真円または楕円になるのは、あくまで離心率（通常、$e$で表す）が「0以上、1未満」であるときだけ。それ以外の値のときには、放物線や双曲線となる。

離心率（$e$）＝0 ………… 真円
0＜離心率（$e$）＜1 ………… 楕円
離心率（$e$）＝1 ………… 放物線
1＜離心率（$e$） ………… 双曲線

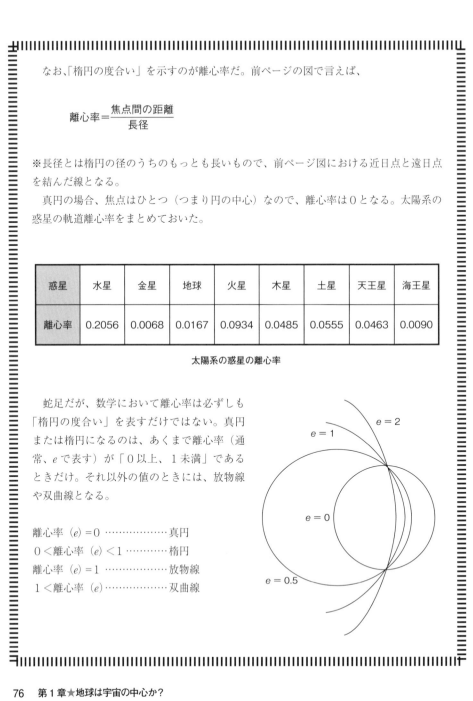

**第2法則：惑星と太陽とを結ぶ線分が単位時間に描く面積は一定である**

　この法則の意味するところを簡単に説明するなら、楕円軌道を動く惑星の場合、太陽に近いところではスピードが速くなり、太陽から遠いところでは遅くなるということだ。それを図にすると、■で示した部分の面積はすべて同じになる。

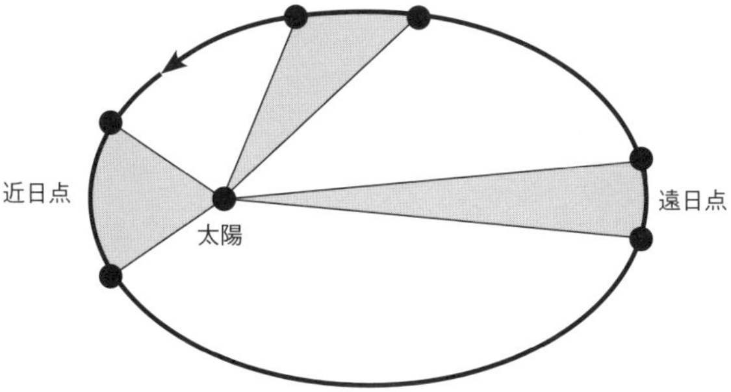

**ケプラーの第2法則による惑星の軌道1**

　これはニュートン力学における角運動量保存の法則と同じで、数学的に証明するのはちょっと難しいのだが、感覚的にはフィギアスケートの回転に似ている。両手を広げて回り始めたスケーターが腕を縮めると回転が速くなる、というのと同じだ。

　あるいは、ひもに重りを付けて、ぶんぶん回す場合を考えてもいい。ひもが長ければ、当然、回すのは大変になり、重りのスピードは遅くなるはずだ。

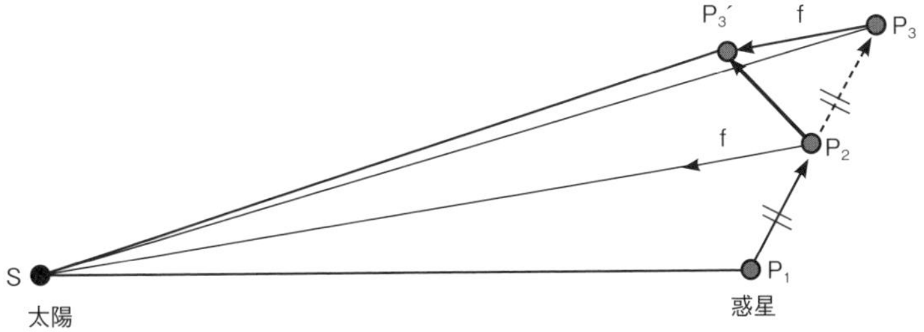

**ケプラーの第2法則による惑星の軌道2**

概念的には、次のような考え方がわかりやすいかもしれない。

物体に外からの力が働かないとき、運動量保存の法則により等速直線運動を続ける。前のページの下の図で言えば、$P_1 \to P_2 \to P_3$ であり、$P_1$ と $P_2$、$P_2$ と $P_3$ の長さは同じだ。

しかし惑星の場合はS点にある太陽の引力の影響を受けるので直線運動にはならない。実際には連続的に太陽の方に引っ張られて円運動になるのだが、ここではわかりやすくするために、$P_2$ から $P_3$ に移動するときに連続的に働き、惑星を太陽の方に引っ張ってきたとしよう。すると、引力 $f$ の分だけ左に曲がって $P_3´$ の位置に来る（引力 $f$ と等速直線運動を続けようとする力の合成）。運動量は変わらないので $P_2P_3$ と $P_2P_3´$ の長さは同じである。

さて、このときにできる三角形を比べると、$\triangle SP_1P_2$ と $\triangle SP_2P_3$ は、等速直線運動により

$$P_1P_2 = P_2P_3$$

だから、底辺の長さが等しく高さの同じ三角形となり、面積は等しい。

次に $\triangle SP_2P_3$ と $\triangle SP_2P_3´$ では底辺 $SP_2$ を共有し、高さも同じ（$f$ は $P_2$ における引力なので合成で用いる矢印も $SP_2$ に平行になる）なので面積は等しい。つまり、

$$\triangle SP_2P_3 = \triangle SP_2P_3´$$

となるわけだ。

この関係は太陽と惑星がどの位置にあっても成立するので、結局、惑星と太陽とを結ぶ線分が単位時間に描く面積は一定となる。

### 第3法則：惑星の公転周期の2乗と軌道の長半径の3乗の比は一定である

　文章ではわかりにくい法則だが、要するに公転周期の長さが楕円軌道の長半径のみに依存して決まることを意味している。楕円軌道の離心率に依存しないので、長半径が同じであれば円運動でも楕円運動でも周期は同じということだ。

　ちなみに長半径とは第1法則のところで出てきた長径の半分。別の言い方をすれば、惑星と太陽の平均距離となる。

　ケプラーの前にも、観測によって「軌道の大きな惑星ほど1周する時間（公転周期）は長くなる」といったことは知られていた。しかし、その周期と軌道の長半径の数学的な関係はわかっていなかった。それを法則のかたちで発見したのだから、彼の頭のよさには感心してしまう。

　公転周期 $P$ を年、長半径＝太陽との平均距離 $a$ を天文単位（Astronomical Unit、略してAU＝地球と太陽の距離を1とする）で表すと、地球の場合、$a$ = 1AU だから、

$$\frac{[a\,(\mathrm{AU})]^3}{[P\,(年)]^2} = 1$$

という式が成り立つ。

　同じように太陽系の惑星を調べてみると次のページの表のようになり、第3法則が証明される。

| 惑星 | 軌道長半径 $a$<br>(天文単位 AU) | $a^3$ | 対恒星公転周期 $P$<br>(太陽年) | $P^2$ | $\dfrac{a^3}{P^2}$ |
|---|---|---|---|---|---|
| 水星 | 0.3871 | 0.05800555 | 0.2409 | 0.05803281 | 0.9995 |
| 金星 | 0.7233 | 0.37840372 | 0.6152 | 0.37847104 | 0.9998 |
| 地球 | 1.0000 | 1 | 1.0000 | 1 | 1.0000 |
| 火星 | 1.5237 | 3.53751592 | 1.8809 | 3.53778481 | 0.9999 |
| 木星 | 5.2026 | 140.819017 | 11.8620 | 140.707044 | 1.0008 |
| 土星 | 9.5549 | 872.32524 | 29.4580 | 867.773764 | 1.0052 |
| 天王星 | 19.2184 | 7098.25644 | 84.0220 | 7059.69648 | 1.0055 |
| 海王星 | 30.1104 | 27299.1783 | 164.7740 | 27150.4711 | 1.0055 |

惑星の軌道長半径と公転周期

# 第2章
## 太陽系から銀河系へ

★２−１ もし、かぐや姫が太陽系の惑星から来たら？★

# ☆太陽系のかぐや姫☆

ここでは太陽系の惑星の中でどの惑星がかぐや姫の故郷となりうるかみてみよう。大きさや重さはわかりやすくするために地球を基準とした数値で表した。果たして太陽系にかぐや姫の故郷はあるのか？

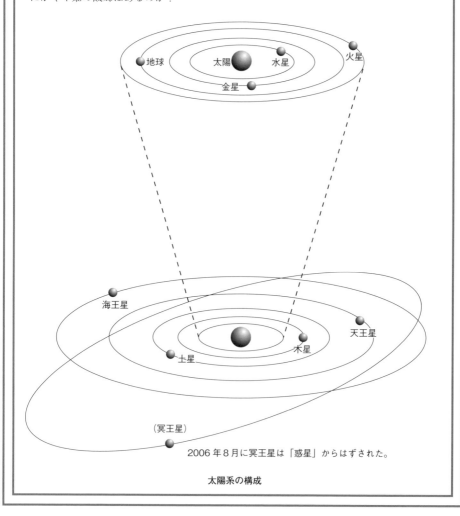

2006年8月に冥王星は「惑星」からはずされた。

**太陽系の構成**

# ●● 水星 ●●

**大きさ**：地球の約 0.38 倍（赤道半径 2440km）
**質量**：地球の約 0.055 倍
**重力**：地球の約 0.38 倍
**衛星**：0 個
**太陽からの平均距離（AU）**：地球の約 0.39 倍（約 0.39AU）
**公転周期**：約 88 日
**自転周期**：約 59 日

【どんなところ？】

　太陽系の惑星の中ではもっとも内側の軌道を回るため、太陽から受けるエネルギーの量は、単位面積あたりで地球の約 6.7 倍と、かなり強烈。紫外線対策が必要どころか、表面の最高温度は 427℃ にもなるので、焦げてしまう。しかも重力が小さいせいで大気はほとんどなく、ほぼ真空に近い環境だ。ハイパワー冷却装置付きの完全密閉宇宙服でも着けていないと一瞬で焼けてしまう。北極部分に水の氷があると言われているが、マイナス 180℃ くらいまで冷えている可能性が高い。

　温度や大気の厳しい環境を除けば、地表の風景は「砂漠とクレーター」で月に近く、かぐや姫にとってはなじみ深いかも。

## ●● 金星 ●●

**大きさ**：地球の約 0.95 倍（赤道半径 6052km）
**質量**：地球の約 0.82 倍
**重力**：地球の約 0.91 倍
**衛星**：0 個
**太陽からの平均距離（AU）**：地球の約 0.72 倍（約 0.72AU）
**公転周期**：約 225 日
**自転周期**：約 243 日

【どんなところ？】

　地球にいちばん近い惑星であり、大気があるところや、火山活動が活発で硫化水素や窒素、あるいは亜硫酸ガスなどを吹き出しているところなど、共通点は多い。重力が地球とほとんど同じというのも心強い。

　しかし濃硫酸などから成る厚い雲に覆われ、大気の主成分（約 96％）は二酸化炭素なので、当然、激しい温暖化効果により昼夜を問わず地表の温度が 400〜500℃。また地上の気圧も地球の 90 倍くらいだ。

　細かいことだが、自転の方向が地球と逆であるため、太陽は西から昇って東に沈む（「元祖天才バカボン」？）。

## ●● 火星 ●●

**大きさ**：地球の約 0.53 倍（赤道半径 3396km）
**質量**：地球の約 0.11 倍
**重力**：地球の約 0.38 倍
**衛星**：2 個
**太陽からの平均距離（AU）**：地球の約 1.52 倍（約 1.52AU）
**公転周期**：約 687 日
**自転周期**：約 1 日

【どんなところ？】

　薄い二酸化炭素の大気がある砂漠に覆われた惑星。水の存在も確認されており、太陽系の惑星の中では地球にもっとも近い環境だ。気温も最高で 20℃ くらいであり、アポロ型の宇宙服があれば、人間だって、かぐや姫だって生きていけなくはない。

　風景も地球に似ており、1 日の長さも同じと、生活パターンを崩さないで済むが、2 つある衛星のうちフォボスは火星の自転速度より速く回っているため、一晩に 2 回「月の出と入り」を繰り返すこともある。

　なお、火星には太陽系でもっとも大きいと言われるオリンポス山がある。高さは約 2 万 5000m。エベレストの約 3 倍だ！　ほかにも太陽系最大の渓谷があったりと、地形はかなり起伏に富んでいる。

　地表にはときどき竜巻のような旋風が吹き、その様子がアメリカの打ち上げたマーズ・パスファインダーによって撮影された。

# ●● 木星 ●●

**大きさ**：地球の約 11.2 倍（赤道半径 71492km）

**質量**：地球の約 318 倍

**重力**：地球の約 2.37 倍（ただし、自転によって生じる遠心力の影響がある）

**衛星**：49 個以上

**太陽からの平均距離（AU）**：地球の約 5.20 倍（約 5.20AU）

**公転周期**：約 12 年

**自転周期**：約 9 時間 50 分

【どんなところ？】

　水星から火星までが岩石や金属などでできた「地球型惑星」と呼ばれるのに対し、主成分がガスである木星と土星は「木星型惑星」と呼ばれる。実際、木星は密度が地球の4分の1しかなく、水素分子やヘリウムを主成分とする気体でできているため、地球のように「地面」があるわけではない。中心部（半径の11分の1くらい）は岩石質の核であるものの、あとはガス状、あるいは液状の物質が集まっているだけで、私たちがもっている「惑星」のイメージとはまったく異なる。言ってみれば雲の中にいるようなものか。このため、身体が気体でできた浮遊生物がいると考えた学者もいた。

　それでも地球の300倍以上の質量があるだけに重力も2倍以上。つまり、自分と同じ重さのものを持ち歩いているのと同じで、生活はかなり厳しそうだ。

　ただし、エウロパなどいくつかの衛星の中には地球に近い環境のところもあると言われ、生命が発見される可能性もある。

# ●● 土星 ●●

**大きさ**：地球の約 9.45 倍（赤道半径 60268km）
**質量**：地球の約 95.2 倍
**重力**：地球の約 0.94 倍（ただし、自転によって生じる遠心力の影響がある）
**衛星**：52 個以上
**太陽からの平均距離（AU）**：地球の約 9.55 倍（約 9.55AU）
**公転周期**：約 29.5 年
**自転周期**：約 10 時間 34 分

【どんなところ？】
　水素分子やヘリウムを主成分とするガスからなる木星型惑星で、地面はない。比重が 0.69、つまり水に浮かぶほど軽いため、体積比では地球の 800 倍以上あるものの、重力はほぼ同じ。したがって浮遊基地のようなものを作れば生活は可能か？
　太陽からの距離があり、地球から見る太陽の 10 分の 1 ほどの大きさにしか見えない。当然、温度は低い。平均でマイナス 130℃ くらい。なぜか「極」地域がいちばん温度が高いと言われており、もしそこに住んだとすると特徴ある「環」は空ではなく下に見えることになる。衛星は太陽系の惑星で最多なので、お月見はいっぱいできそうだ。ただし、1 日は 10 時間半しかないので、夜が明けるのは早い！

## ●● 天王星 ●●

**大きさ**：地球の約 4.01 倍（赤道半径 25559km）
**質量**：地球の約 14.5 倍
**重力**：地球の約 0.89 倍（ただし、自転によって生じる遠心力の影響がある）
**衛星**：27 個以上
**太陽からの平均距離（AU）**：地球の約 19.2 倍（約 19.2AU）
**公転周期**：約 84 年
**自転周期**：約 17 時間 17 分

【どんなところ？】

　以前は大きさと位置から木星型惑星（ガス惑星）に分類されていたが、水やメタン、アンモニアが凝固した氷を主体としていることから、海王星とともに「天王星型惑星（巨大氷惑星）」というカテゴリーができた。外から見ても透き通るようなブルーで、地表の風景は南極に近いかもしれない。ただし温度はマイナス200℃を下回る、超極寒の惑星だ。

　土星より薄い「環」があり、空の風景は天の川が2本あるような感じか。衛星も27個あり、かなり賑やかなものになりそうだ。

　他の惑星との最大の違いは、自転軸が黄道（公転の軌道面）に対してほぼ横倒しになっていること。したがって季節によっては1日中昼間の地域と1日中夜の地域に分かれる。

# ●● 海王星 ●●

**大きさ**：地球の約 3.88 倍（赤道半径 24764km）
**質量**：地球の約 17.2 倍
**重力**：地球の約 1.11 倍（ただし、自転によって生じる遠心力の影響がある）
**衛星**：13 個以上
**太陽からの平均距離（AU）**：地球の約 30.1 倍（約 30.1AU）
**公転周期**：約 165 年
**自転周期**：約 16 時間

【どんなところ？】

　軌道長半径は地球の約 30 倍であるため、太陽からのエネルギーは地球の 900 分の 1 程度しか届かない。温度はマイナス 220℃以下でたいていのものは凍ってしまう。

　水素を主体とした厚い大気があり、ときどき台風のような暴風が吹くと考えられている……。なにしろ、もっとも地球に近づいたときでも太陽の 29 倍も離れているので、詳しいことはあまりわかっていない。

# ●● おまけ1：冥王星 ●●

**大きさ**：地球の約 0.18 倍（赤道半径 1197km）
**質量**：地球の約 0.0023 倍
**重力**：地球の約 0.07 倍
**衛星**：3 個以上
**太陽からの平均距離（AU）**：離心率の大きい楕円軌道なので 30～50 倍
**公転周期**：約 248 年
**自転周期**：約 6.4 日

　かつては太陽系の第 9 惑星とされながら、2006 年の国際天文学連合（IAU）総会で、「惑星の定義には入らない」とされてしまったかわいそうな星。実際、他の惑星とはかなり異なる楕円軌道をもち、天王星や海王星とは大きさも構造も違うので、「この決定は遅すぎたくらいだ」と言う天文学者も多い。

　表面の様子はほとんどわかっていないが、極寒（海王星より 10℃ほど寒いと言われる）で大気もあまりなく、生命にとってはかなり過酷な環境だ。

## ●● おまけ2：地球 ●●

　「母なる地球」「生命の源」などと言われるが、誕生した46億年前は、とても生物が暮らせるような環境ではなかった。表面は岩石が溶けたマグマで覆われ、水はまだ気体（水蒸気）のかたちでしか存在できない。気圧も今の300倍くらいあった。それに比べれば、今の火星あたりのほうが、はるかに暮らしやすい環境だ。

　地球の環境が人間が生きていけるくらいの穏やかになったのは5億5000年ほど前、古生代の始まりごろではないかと言われている（このころ、生物の種が一気に増えている）。地球の歴史を考えれば、それは「つい最近」のことに過ぎないのである。

# ●● 参考記録1：月 ●●

## 月は地球の「子供」か、それとも「赤の他人」か？

**大きさ**：地球の約 0.27 倍（赤道半径約 1738km）
**質量**：地球の約 0.012 倍
**重力**：地球の約 0.17 倍
**公転周期**：約 27.3 日
**自転周期**：約 27.3 日

●月は地球を親とする子供ではない？

　地球とその衛星である月は、言ってみれば親子のような関係になる。このため以前は、地球の一部が自転の遠心力によって分裂し月になったと考えられ、「その痕跡が太平洋ではないか……」という説さえあったほどだ。

　確かに、月を構成する物質は地球内部のマントルとよく似ているので説得力はありそうだが、一方で、この親子説にはいくつか問題がある。それは、そんなに強い遠心力が生じるには、今の自転のスピードでは足りないからだ。確かに、大気（空気）が保たれる程度に「遅く」回転しているのに、月になる物質だけがピューッと吹っ飛んでいくというストーリーにはかなり無理がある。また、地球の自転が途中で急に遅くなった証拠もない。というわけで、月の誕生にまつわる親子説は徐々に消えていった。

●大きすぎる子供はやっぱり疑われる

　もう少し突っ込んで考えていくなら、地球と月の親子説にとって最大の弱点は「月が大きすぎる」ことにあった。
　月の直径（以下、すべて赤道部分）は約3474kmで、地球の約4分の1。これは衛星としては不釣り合いなほど大きく、このため「月は地球の衛星ではなく、地球との二重惑星だと考えるべきだ」と主張した天文学者もいたほどだ。
　ちなみに、太陽系で最大の衛星はガニメデだが、直径は母天体である木星の約27分の1。土星最大の衛星タイタンも約25分の1だ。それらを考えても、月の異常なデカさがわかる。そんなものが自転の遠心力で分かれたという説は、やはり無理がありそうだ。
　親子ではないとすると……と考え出されたのが兄弟説である。地球は太陽系が形成されたころ存在した微小な天体の衝突合体で今の大きさになったと言われている。そのとき月も一緒に作られ、それがたまたま衛星になった。これだと、両方の天体が似たような物質で構成されている理由は説明できる。しかし、もともと同じように誕生した2つの天体なのに「そのうちひとつが、なぜもうひとつの周りを回るようになったのか？」という問いに対する物理的な答えが出せず、やはりこの説も決定力に欠けた。
　もうひとつ、「たまたま地球の近くに来た天体が重力で捉えられた」という他人説（捕獲説）も生まれるのだが、米国のアポロ計画をはじめとする多くの探査プロジェクトによって地球と月の物質的な類似性が証明されていくにつれ、「やはり、この2つの天体には深い関係がありそうだ」となる。そんなこんなで急浮上してきたのが巨大衝突説である。

●ジャイアント・インパクトという大事件

　地球が誕生したのは今から約46億年前だが、その直後、大きな天体が激突する。エネルギー量から類推して、おそらく火星くらい（直径が地球の約半分）。まさに大事件だ。
　それだけのものがぶつかると、当然、地球から多くの物質が宇宙空間に飛び散る。またその天体も分裂する。これらがもとになって月ができたというのが巨大衝突説（ジャイアント・インパクト説）である。
　このストーリーだと、月と地球の構成物質が似ている点や、月が地球に比べて大きすぎる衛星であるところ、そして地球の周りを回り始めた理由までもちゃんと説明できる。

また、月には揮発性元素が少ないのだが、それも衝突時に失われたとすれば説得力はありそうだ。

そんなわけで、今のところ、巨大衝突説はかなり有力視されているものの、まだ証拠は見つかっていない。日本の月周回衛星「かぐや」の探査目的のひとつに月の誕生の秘密を探るというのもあるので、その成果に期待しよう。

●月が大きすぎるのは悪いことではない

ジャイアント・インパクトの有無は今後の探査結果を待つとして、最後に、地球にとって大きすぎる衛星「月」がもたらす影響について触れておこう。

まず、私たちがお月見で優雅な月の姿を楽しめるのは、間違いなくその大きさのおかげだ。ガニメデを含めた太陽系の衛星はすべて、母天体からの見た目のサイズで言えば月の半分以下である。

そして、潮の満ち引きというドラマチックな自然現象があるのも、地球が月という巨大衛星をもてたからだ。地球と月のあいだの距離は約38万kmで、これは地球の直径の約30倍となる。正確な図にしてみると下のような感じだ。たぶん、ほとんどの人が考えていたより「遠い」はずだが、それでも潮汐があるのは月が十分にデカいからである。

潮汐は主に月からの重力の影響で起きる。そのおかげで海の生物には多くの定期的な生活サイクルが生まれ、私たち人類はそれを利用することで漁の技術を発達させてきた。潮干狩りなどはその代表だ。

潮の満ち引きは自然の風景に変化を与え、美しさを演出してくれる。もしそれがジャイアント・インパクトによる結果だとすれば、私たちはこの大事件に感謝するべきではないだろうか。

月と地球の距離のモデル

# ●● 参考記録2：太陽 ●●

## わかっているようで知らない「太陽」という星

**大きさ**：地球の約 109 倍（赤道半径 696000km）
**質量**：地球の約 332946 倍
**重力**：地球の約 28.01 倍
**惑星**：8 個

### ●あまりにもデカい太陽という存在

　空に明るく輝く太陽は私たちにとってもっとも存在感のある天体だが、その大きさはどのくらいなのか？
　まずその質量は、太陽系全体の 99.9％ を占める。つまり、地球や木星などの惑星や、それらの周りを回る衛星、さまざまな小天体などをすべて合わせても、太陽の 1000 分の 1 程度にしかならなず、ほとんどオマケのような存在だ。
　ちなみに地球との比較で言えば、
**太陽は、直径が地球の約 109 倍（約 140 万 km）**
　　　　**体積が地球の約 130 万倍**
　　　　**質量が地球の約 33 万倍**
となる。
　地球からの距離は約 1 億 5000 万 km。スペースシャトルの宇宙空間における最高速

度が時速約2万8000kmなので、フルスピードで7カ月ちょっと、通常のジェット旅客機なら20年くらいかかる（もちろんジェット機は宇宙に行けないが）。かなり遠いことがわかるだろう。

　もっとも、このくらい離れていないと大変だ。太陽との距離が地球の4割弱という水星では日中の温度が400℃以上になる。国立博物館のサイトによると、地球に届くエネルギーだけでも200兆キロワットで、これは平均的な100万キロワット級原子力発電所2億基分だというから、やはり太陽はとてつもなく大きな存在なのである。

●水素を燃料に燃え続ける太陽

　先ほど、太陽の「直径」という書き方をしたが、太陽は地球型惑星などと異なり、はっきりした地表面があるわけではない。一種のガス天体であり、このため、自転の周期も赤道上では約27日、極近くでは約32日とかなり開きがある。

　構造としては中心部に核があり、地球の約33万倍の質量が生み出す重力により2000〜2500億気圧という高圧になっている。そこで起きるのが、水素からヘリウムへの原子核融合反応だ。

　水素原子4個がくっついてヘリウム原子1個になると、そのとき大量のエネルギーを発する。それが「地球に届くだけで原子力発電所2億基分」というパワーの源である。

太陽のコロナ

　そして放射されたエネルギーが核の周りに放射層を作り、その上にガスによる対流層ができる。これが太陽のおおまかな内部構造だ。

　通常、私たちが見ている太陽は光球と呼ぶ不透明な部分で、対流層を覆う表面の薄い層だ。温度は約6000ケルビン（K=℃+273.15）。黒点などもここにある。

　さらにその周囲に低温層、彩層やコロナと続いていく。

太陽のプロミネンス

水素を「燃料」としている太陽だけあって、いつか、燃え尽きてしまうのだが、理論計算によると太陽の寿命は約100億年。今、誕生から約46億年たっているので（つまり地球とほぼ同じ）、あと50億年以上は同じように輝き続けると言われている。

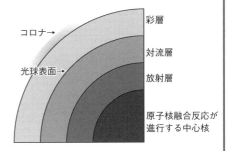

太陽の内部構造

● 太陽はリサイクルされた恒星だった？

　太陽のような恒星は、宇宙空間の中の「周囲に比べてたまたま物質密度がわずかに高い場所」に分子雲が集まり始め、やがて「重力による収縮→温度上昇→熱放射→核融合反応による発光」という過程を経て誕生する。宇宙が誕生した際、分子雲は水素とヘリウムから成っていたので、この2つが恒星の構成物質となるはずだが、太陽をスペクトル分析してみたところ、鉄や金、ウランといった重元素の存在が確認されている。どうしてなんだろうか？

　これらの重元素は太陽より大きい恒星の内部で元素合成によって作られるとされている。そのことから太陽は、「重い恒星が最後に起こす超新星爆発によって飛び散った星間物質から作られたのではないか」と考えられるのだ。つまり恒星の再利用である。

　地球に多くの鉄が存在するのも、太陽系の形成期にここに多くの星間物質があったからで、そう考えると太陽がリサイクル恒星であってもおかしくないはずだ。というより、恒星の多くが、実はそういう過程を経て誕生しているのかもしれない。

★2-2 天の川、ミルキーウェイ、銀河★

# ★ 2-3 銀河系の大きさは太陽系の何倍？ ★

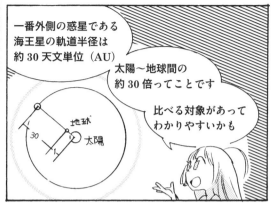

## ★ 2－4 銀河系の中心には何があるのか？★

## 銀河系の謎ベスト５！

### ●形がよくわかっていない

以前は渦巻銀河だ考えられていた銀河系（天の川銀河）だが、2003年、NASAによって打ち上げられたスピッツァー宇宙望遠鏡の観測データを分析していた米国の天文学者たちが、「中心部に長さ約2万7000光年の棒構造が存在する」と発表したことで、棒渦巻銀河ではないかとする説が有力になってきた。もっとも、渦巻銀河と棒渦巻銀河がなぜできるのかは、まだわかっていない。

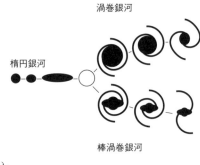

銀河の派生

### ●銀河系の中心は、たぶん、ブラックホール

太陽系とは文字通り太陽という恒星の重力によって集まっている天体の集合体と言えるが、それでは銀河系の中心にあって全体をまとめているのは何か？ この答えは、まだ正確にはわかっていない。ただ、太陽の3000億から3兆倍もあるという銀河系の巨大な質量を考えると、通常の「星」ではバランスがとれず、「非常に重く、小さな天体」がなければならない。そしてそれにあてはまるのは、今のところブラックホールしか考えられないのだ。

ブラックホールとは、重力が強すぎて光さえも外に出られない領域のこと。銀河系の中心にあるのは、超巨大なブラックホールだと考えられている。

### ●どうして巨大ブラックホールができたかは、謎

ブラックホールには恒星と同じくらいの質量の「小さなタイプ」もあるが、銀河の中心にあるようなタイプは太陽の数百万倍から数億倍の質量をもつ巨大なものだ。このような大質量ブラックホールがどうしてできるのかは、まだよくわかっていない。

「恒星サイズ」のブラックホールは、もともと星だった天体の成れの果てと考えられる。太陽の20倍以上大きい恒星では、超新星爆発後も重力崩壊によって核の収縮が続くため、ブラックホールになることがある。

　順当に考えれば、これらの小型ブラックホールや他の天体が融合することで大きく成長しそうだ。これまではその途中の中間サイズが見つかっていなかったため、ブラックホール生成のメカニズムは明らかにされていなかった。しかし、最近のX線衛星の観測で中間サイズが徐々に発見され始めているため、ブラックホール生成のメカニズムが明らかにされるのもそう遠くない話かもしれない。

● 構成するものの9割はよくわかっていない

　銀河系の質量は、運動の解析などから太陽6000億〜1兆個分だと言われているが、望遠鏡（電波望遠鏡を含む）などで観測できる天体をすべて合わせても、その1割にも満たないことがわかっている。これは他の銀河や銀河団でも同じで、結局、「宇宙を構成するものの9割以上は観測できないダークマター（暗黒物質）だ」というのが現在の天文学の考え方である。

　光を発せず、反射もしないダークマターの正体が何であるかについては、未知の素粒子、あるいはニュートリノ（素粒子の一種）からブラックホールまで諸説ある。解明したら、もちろんノーベル賞ものだ。

　ちなみに宇宙に存在するエネルギーの70％以上も実態はわからず、こちらはダークエネルギーと呼ばれる。

● 70億年後にアンドロメダと大衝突、その行方は？

　銀河系から近い別の銀河（小宇宙）である「アンドロメダ銀河」は、秒速約100kmの速度で近づいてきていることがわかっている。現在の距離は約252万光年であり、このままだと70〜80億年後には衝突するはずだ。そのとき、どんなことが起こるのか、よくわかっていない。

　もちろん、銀河の中でも天体と天体のあいだは充分に離れている。恒星どうしがぶつかるという可能性は低そうだが、「合体して新しいひとつの銀河になる」「衝突に伴う重力作用で大きく影響を受ける」など、さまざまな予測がなされている。

## ★2-5 銀河系はたくさんある銀河のひとつ★

はあっ
なーんか
がっかり

なんでだよ

銀河系の中心が
ブラックホールなんて
夢も希望もないじゃない

かぐや姫が宇宙に
行くとき、せっかくなら
一緒に宇宙の中心部
まで旅したかったのよ

そんでそこにはきっと
天国みたいな星があって
みんなで幸せに暮らすの

なのに銀河の中心が
ブラックホールなんて

ゴールに着いたら
魔王がいたってカンジ
じゃない!!

あのな…
言っておくが
銀河の中心が
宇宙の中心って
ワケじゃないぞ

えーっ
まだなんか
あんの!?

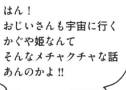

私は今脚本について考えてるのね？
でも周りがうるさくて集中できなくて困ってるのね
は…はうっ!

少し…静かにしてくれるかな？
はいいっ!!

ヤマネコワイヨ〜
ヤマネは脚本で煮つまるとものすごく怖いんだった…

# ☆人類にとっての「宇宙」はどんどん大きくなっている☆

## ★天の川は何でできているのか？

　天動説にしろ、コペルニクスによる初期の地動説にしろ、16世紀ごろまでの人にとって、宇宙は「地球、月、太陽、（太陽系の）惑星と、その他おおぜい」でしかなかった。空の上で単独の動きをするのは惑星まで。あとの多くの星々は、それぞれ星座を作りながら「書き割り」のように天球に貼り付いているだけ。だから恒（つね）なる星で恒星！　そう決めつけていた。

　しかし、そんな宇宙観に疑問を感じたのがガリレオ・ガリレイだった。彼は自分で作った望遠鏡を使い、毎日のように夜空を眺めていたが、1609年にある発見をする。それは、天の川が無数の星の集まりだという事実だ。

天の川

　望遠鏡がないころ、天の川は天球に広がる雲か、何かの流れのようなものだと思われていた。だから織姫と彦星は遮られてしまうことになる。

　実はこれについても、さすが古代ギリシアというべきか、デモクリトス（BC460？〜BC370？）という哲学者が「天の川は遠くにある星の集まりである」という説を唱えていたとの話がある。彼が論理的な思考の末にそういう結論に達したのか、あるいは「異常に視力がいい人」だったのかは不明だが、まあ、考え方の道筋はわからないではない。なぜなら、もし天の川がガス状の雲や、川のようなものだったら、時間とともに位置や形が変わるはずだ。それなのに、観測する限り、他の星座と同じで「恒なる状態」にある。だったら星の集まりだと思ったほうが自然じゃないか……といったところだろう。

　もちろん、それを立証する方法はなかったが、デモクリトスから約1200年、ついにガリレオが科学的にそれを発見した、というわけだ。

### ★天の川が見える理由を考えてみよう

　天の川がたくさんの星の集まりだとすると、「それはどんな構造をしているのか？」という疑問に答えていくのが科学者の次の役目になる。しかしガリレオもケプラーも、地動説を主張するのに忙しかったせいか、その点に関してはあまり言及していない。

　そこで、ここはちょっと、自分たちで考えてみよう。もちろん、予備知識なしの思考実験だ。

　条件を整理しておくと、天の川は星の集まりでありながら、一つひとつの星の光は非常に小さく、雲のようにしか見えない。ということは、地球から見える他の恒星たちに比べてサイズが小さいのか、あるいは遠くにあるのかのどちらかである。

　常識的に考えて、特定の場所だけに小さな星が集まっているという説は無理がありそうだ。天の川が何本もあるのならともかく、なぜあの場所に、帯状に集まっているのか、合理的な説明がしにくい。

　それならやはり「天の川を構成する星は他の恒星より遠くにある」と考えるべきだろう。そして思いつくのが、次のような構造だ。

　太陽系をアンコとすると、その周りを「おまんじゅうの皮」のように恒星天（プラネタリウムのスクリーンのように、ここに恒星が貼りついている）が包む。さらにその外側にベルト状の天の川。これなら、星の大きさに極端な大小をつけなくても、夜空の様子を説明できる。しかも、肉眼でも観測できる「輪をもった土星」に似ていてそれっぽいじゃないか！

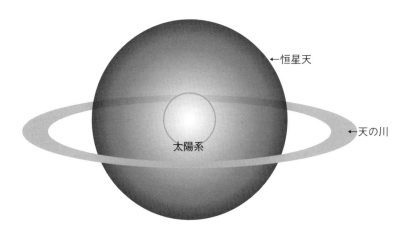

天の川の見える構造

## ★円盤状の銀河系モデルがもっともわかりやすい

とまあ、こんな感じの宇宙のモデルを考えた人は、ガリレオ時代にも、当然いたはずだ。しかし、よく眺めていると、もっといいアイデアが浮かんでくる。

前ページのモデルの最大の欠点は、恒星天と天の川が離れてしまっていることだ。どっちも星なのに、なぜそんな違いが生じるのか説明しにくい。

じゃあ、2つをくっつけてみたら……。

そうなのだ、実は恒星天と天の川を一緒にして円盤状の構造物にしても、天球には帯状の星の流れが見えるはずで、それがまさに今の銀河系のモデルである。

下図のような銀河系の構造がはっきりしてくるのは、後述するように19世紀から20世紀、ガリレオから200年以上たってのことなのだが、「宇宙は円盤状になっている」と考えた人は、その前にもいたようだ。

「地球や太陽系も回転しているのだから、もしかしたら宇宙も回転しているのでは……」
「回転しながら物質が広がっていくとすると、円盤状の構造になる可能性は高い」

これら仮説は実にわかりやすく、無理がない。なぜなら、空中でピザ生地を作るときにおなじみの現象だから、聞いた人も納得しやすいしね。

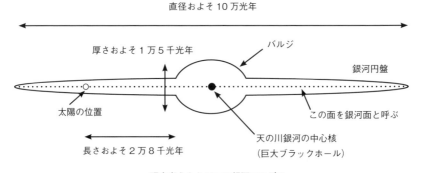

現在考えられている銀河のモデル

## ★科学的な観測結果も円盤状宇宙を証明した

ここまでは17〜19世紀の人になったつもりで「天の川の見える宇宙」の構造を想像してきたが、現実の観測結果から銀河系(当時はそれが宇宙のすべてだと思われていた)の姿を解明しようとしたのが、ドイツ生まれで、イギリスに渡って活躍した天文学者のフレデリック・ウィリアム・ハーシェル(1738〜1822)だ。

彼のやり方は非常にわかりやすい。
　彼の観察できる全天から、だいたい満月の4分の1の面積の区域を683カ所サンプリングし、望遠鏡を使ってそれぞれのブロックの星を数えていった。これは全天の0.1%の面積にしかならないが、統計的には信頼性のあった手法と言える。
　言葉では簡単だが、私たちが肉眼で見ることのできる六等星より明るい恒星でも約8600個ある。ハーシェルが全部でいくつの星を数えたかは記録に残っていないものの、1万個以上だったのは確実だろう。これは大変な作業である。
　なぜそんな手間のかかることをしたのかというと、ハーシェルは次のような仮説を立てていたからだ。

1. 天の川などを見る限り、宇宙の星はなんらかの構造をもった集団を作っていそうだ。

2. 自然界の集団は、ほとんどの場合、構成物が均質に散らばっている。したがって星も集団の中ではまんべんなく、ほぼ同じ密度で存在するのではないか。

3. となると、天球上で星の数が多いブロックほど、星の集団は遠くまで続いていることになるはずだ。

　2はわかりにくいかもしれないが、煙が広がるとき、全体で形ある集団を作りながらも、そのなかでは煙の粒子は均質に広がろうとする（つまり濃淡をなくす方向に運動する）ことを考えれば、理解できるだろう。
　さて、そうやって苦労の末にハーシェルが作った宇宙のモデルが下の図である。
　実際には暗黒物質やチリ等で覆い隠された部分が肉眼では確認できなかっため、形は変だし、大きさも実際の銀河系の10分の1以下とかなり小さく見積もってしまったのだが、なんとなく円盤状になっている。彼の功績が宇宙論の進歩に大きく貢献したのは確かである。

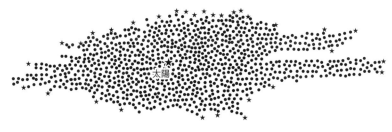

ハーシェルが作った宇宙のモデル

## ★哲学者カントの発想が宇宙を一気に拡大した

　ハーシェルの努力によって銀河系の姿はおぼろげながらわかってきた。しかし彼はその中心に太陽系があると根拠なく信じていたし、しかも地球から観測できる星（＝銀河系）が宇宙のすべてだと思い込んでいたので、もっと広大な宇宙を考えることはできなかった。

　もっとも、これは当時の天文学者にとっては定説だったので（なんたって、日本はまだ江戸時代だ！）、ハーシェルだけを責めることはできない。

　ところが同じ時代、科学者とはまったく別の立場で、宇宙の真実にかなり迫っていた人物がいる。ドイツが生んだ世界的な哲学者イマヌエル・カント（1724〜1804）である。

　「人類にとっての知識や概念はすべて経験を通じて形成されるものだ」というそれまでの経験論者の主張に対し、「経験を通じて与えられた認識内容を知的に処理して、さらに概念や知識を獲得していくのが人間の思考のあり方だ」と反論し、認識論に大革命をもたらした彼は（これを合理主義と経験論の統合と呼ぶ）、自らの思考を宇宙にも向けた。

　前述した円盤状の銀河系モデルにも早くから気がついていて、著書の中で「恒星の体系は多くレンズ型の形をなすので天の川のようなものが見える」と書いている。ちなみにハーシェルはそれを読み、カントの考えを科学的に実証しようとして星のカウントを始めたそうだ（ただし異説もある）。

　宇宙に関するカントの最大の功績は、海にたくさんの島が浮かぶがごとく、宇宙には恒星の体系（集まり）である島宇宙（Island Universe）がいくつもあると考えた点だ。そして、それまでの人類が目にしていた星は銀河系というひとつの島宇宙に過ぎない。他にも同じような島宇宙が無数にあり、大宇宙を構成していると示唆したのである。

　カントが活躍した18世紀後半、観測技術の進歩により、宇宙には星以外にもたくさんの天体のあることがわかってきた。雲のようにぼんやりと光っていることから「星雲」と名付けられたものがそれだ。

　例えば、今では「銀河」に分類されるアンドロメダ星雲やマゼラン星雲は肉眼でも見えることから古い記録にも残っているが、やがて望遠鏡の登場で「宇宙の雲」だと思われていたものが無数の星の集まりだとわかってくる……。

　どこかで聞いたことある話だ。そう、天の川とまったく同じパターンである。

　天の川が星の集まりで、そこから銀河系の構造が解き明かされていったことを考えれば、星雲だって星の集団と考えるべきだろう。カントの考え方は、実に明晰だ。

### ★宇宙観測の技術はどう進歩してきたのか？

　経験による認識とさらなる思考による知識や概念の獲得により、人類にとっての宇宙は拡大していった。ハーシェル以降の19〜20世紀にかけての天文学の成果は第3章以降に譲るとして、現在、私たちが宇宙のどこまで観測し、経験的な認識をできるのか、簡単に説明しておこう。

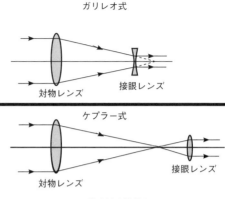

　17世紀初頭に発明された望遠鏡をガリレオが自作し、多くの発見をしたことはすでに述べたが、当時の性能では天の川を恒星の集団であると知るのがせいいっぱいで、1612年にはドイツの天文学者シモン・マリウスが銀河系の隣にあるアンドロメダ銀河（当時は星雲）を観測したが、まだ星だと認識するには至らなかった。もしこのとき、彼が「アンドロメダも天の川と同じだ」と発見できていれば、宇宙の構造はもっと早く明らかになっていたかもしれない。

　ガリレオと同じ時代のケプラーは、少し違う方式の望遠鏡を発明し、使っていた。2つを比べた場合、ガリレオ式は正立像が得られるが倍率を高めるのが難しく、ケプラー式は倒立像（つまり上下逆に見える）になるが高倍率にしても視野が狭くなりにくいといった

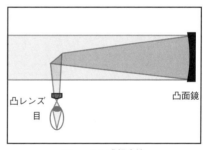

長所があり、長く天体望遠鏡の主流となった（ガリレオ式はむしろ地上用の望遠鏡に向いていた）。その違いが、地動説における2人の見識の差にもつながっているようで、おもしろい。

　しかしどんな方式であれ、当時の技術では大きなレンズを作れなかったため、分解能を上げるには限界があった。分解能というのは、「2つの点をどこまで見分けられるか？」という能力のことで、天体望遠鏡にとってはもっとも重要な性能のひとつだ。基本的には望遠鏡の口径（太さ）が大きいほど多くの光を集められるため、分解能を高くできるのだが、もちろんレンズの工作精度がそれについていけなければ意味はない。またレンズは倍率を高くするために厚くすると、プリズムのように色を分解してしまうという問題もある。

そこでレンズの代わりに鏡を使ったのが、ニュートン式に代表される反射式望遠鏡だ。1688年に発明され、その後、いくつかの方式も加わりながら、今でも天体望遠鏡（光学）と言えばこの形だ。

## ★歴史に残る有名な望遠鏡

それでは、宇宙の発見史で多くの活躍をした有名な望遠鏡をいくつか紹介しておこう。

### ●ウィルソン山天文台100インチ（2.54m）フッカー望遠鏡

第3章で登場するハッブルが銀河の謎や宇宙の誕生につながる大発見をした望遠鏡。1917年に完成。約30年間にわたり世界最大の望遠鏡としてその名を知られた。ハッブルの法則の発見もこの望遠鏡によるものである。

### ●パロマー山天文台200インチ（5.08m）ヘール望遠鏡

1948年に完成してウィルソン山天文台から「世界最大」の称号を奪ってから、27年間にわたってトップであり続けた望遠鏡。100個以上の小惑星を発見するなど、高い性能で20世紀の天文学をリードしてきた。

128億8000万年離れた銀河

### ●ハッブル宇宙望遠鏡

1990年にスペースシャトルで打ち上げられ、地上約600kmの軌道上を回る人工衛星型の望遠鏡。口径は2.4mとパロマー山天文台の半分以下だが、大気や天候の影響を受けないため高精度の天体観測が可能。太陽系外の惑星の存在を初めて証明したり、銀河系のダークマターの存在を明らかにするなど、大発見を続けている。

### ●国立天文台ハワイ観測所すばる望遠鏡

日本の国立天文台が1999年に完成させた世界最大の光学赤外線望遠鏡で、口径にあたる主反射鏡の直径は8.2m！本来、このサイズになると鏡自体の重さで歪んでしまう。しかし、それを補正する技術を三菱電機が完成させたことで実現した。天体観測史上最遠となる128億8000万光年離れた

すばる望遠鏡

銀河を発見するなど、すばらしい成果を次々にあげている。その分解能は、東京から富士山頂にあるテニスボールを見分けられるほどだ。

### ★電波望遠鏡は何を観測しているのか？

　光学望遠鏡以外の宇宙観測の道具として、よく耳にするのが電波望遠鏡だ。でも、「電波」によって、いったい何を調べているのだろうか。

　電波も光（可視光線や赤外線など）と同じ電磁波の一種だが、波長が長いため、光のように経路上の物質による影響を受けにくい。これは、外からの光を遮った室内でも携帯電話を利用できることでもわかるだろう。

　宇宙空間にはさまざまな星間物質がある。なかでも暗黒星雲のように光を吸収する天体があると、その向こうに何があるのか、光学望遠鏡で観測するのは不可能だ。したがって、電波を利用する。

　20世紀半ばに開発された電波望遠鏡は、天文学に大きな進歩をもたらした。例えば第3章で解説するビッグバンの証拠と考えられるものを発見したのも、歴史に残る成果のひとつである。日本の代表的な電波望遠鏡には国立天文台野辺山の「45m電波望遠鏡」がある。ちなみに、45mというのはアンテナ部分の直径で、「15階建てのビルの高さと同じくらい……」と言えば大きさがわかるだろうか。

国立天文台野辺山の45m電波望遠鏡

　国立天文台のサイトによれば、1982年にこの電波望遠鏡を作るのに約50億円、セットで使う必要のある電波干渉計も含めると約100億円かかり、「国民一人あたり100円くらいになります」とのこと。その結果、地球から100億光年以上離れた銀河の観察にも成功し、「世界の電波望遠鏡開発史の記録を大きく塗り変えた」のだから、日本人としてもっと誇りをもっていいのではないだろうか。

「宇宙」の大きさを測る方法2
# 宇宙空間を利用した三角測量という裏技

● **太陽までの距離を調べた2300年前の驚くべき発想**

　月までの距離は、地球上に基線をとり、三角測量によって調べることができた。(68ページ参照)ところが「太陽まで」となると、なかなかそうもいかない。距離が遠すぎるからだ。
　先に答えを言ってしまうと、太陽までの平均距離は約1億5000万km。これは地球の直径の1万2000倍くらいとなる。これではちょっとした測定上の誤差が大きく影響してしまうが、地球上でとれる基線の長さは、これが限界である。

地球の赤道半径　6378km（直径は1万2756km）
地球〜太陽の平均距離　1億5000万km

　そこで思い出してほしいのが、第1章で登場したアリスタルコスだ。彼が月と太陽の距離の差を求めたときの考え方を、もう一度、図にするとこうなる。

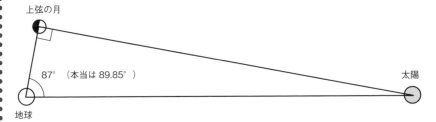

太陽の距離の求め方

　見ればわかるように、これは「地球−月」を基線にした三角測量にほかならない。
　残念ながら当時の測定技術では月と太陽の作る角を87度としてしまったため、太陽までの距離は月までの20倍程度だとの結論になったが、今の技術を使えば約390倍と、ほぼ実測値に近くなる。それでも、今から2300年以上も前にこんな方法を考え出したアリスタルコスは本当にすごい。

### ●三角測量は太陽系外の恒星の距離まで教えてくれる

アリスタルコスの方法は、地球を飛び出し、宇宙空間に基線をとる三角測量だが、それなら、月を利用するよりもっといいものがある。地球の公転半径を使った方法だ。

言うまでもなく地球は1年かけて公転軌道を1周する。したがって半年ごとに天体を観測し、見上げる角度（仰角）を調べれば、その数値から距離を求められるのである。

ちなみに、その角度の差の半分を「年周視差」と呼び、この視差が1秒（1秒は3600分の1度）の天体までの距離を1パーセクという単位で表す。他の距離単位との関係をまとめておこう。

1 pc（パーセク） ＝ 約 3.26 光年 ＝ 約 206,265 AU（天文単位）
＝ 約 $3.08568 \times 10^{16}$ m（メートル） ＝ 約 31 兆 km（キロメートル）

この方法を使って地上から観測できる天体は、視差が 0.033 秒程度（約 10 万分の 1 度）、距離にして 30 パーセク、100 光年になる。1989 年、欧州宇宙機関によって打ち上げられた高精度視差観測衛星ヒッパルコスにより、500 光年ぐらいまで正確に測れるようになった（誤差を許容すれば 1000 光年ぐらいまで測れる）。

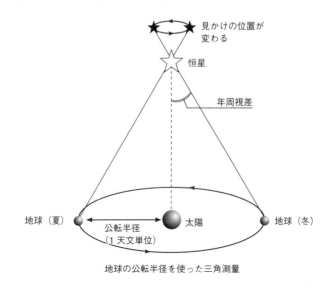

地球の公転半径を使った三角測量

身近な宇宙なのにまだまだ謎がいっぱい

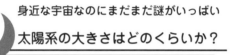
## 太陽系の大きさはどのくらいか？

　2006年に冥王星が惑星のカテゴリーから外されたが、太陽系を構成する天体であることには変わりがない。それでは、太陽系というのはどこまでを示し、どのくらいの大きさなのか？

　まず、もっとも外側の惑星である海王星までの距離（軌道長半径）は、地球と太陽の距離を1とする天文単位で言えば約30AU。その外側、30〜50AUの範囲にあるのがカイパー帯（カイパーベルト）で、主に氷（水やメタンによるもの）でできたたくさんの小惑星が回っている。半径50km以上のものだけでも7万個以上あるそうで、冥王星もこの一部だとする説もある。

　さらにカイパー帯から連続するかたちで氷や岩石でできた1兆個以上もの天体群があり、これをオールトの雲と呼ぶ。範囲は50AUから10万AU！　海王星の軌道半径の約3300倍だ。

　だいたい、このあたりまでが太陽の重力が届く（天体に影響を及ぼす）限界であり、「太陽系」と言える。半径にして約1.6光年で、どんなに速い宇宙船で旅しても、脱出するにはそれ以上の年月がかかってしまうということになる。

　余談だが、太陽系は英語だとSolar System。なんだか、太陽光発電装置みたいな名前である。

## 第3章
### 宇宙はビッグバンで生まれた

## ★ 3−1　宇宙という海に浮かぶ島「銀河」 ★

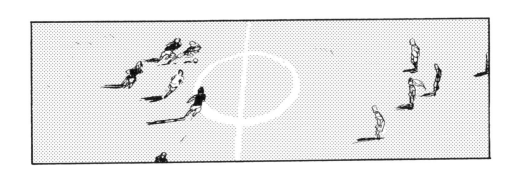

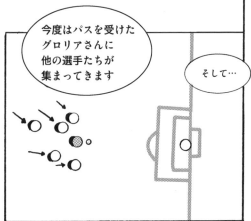

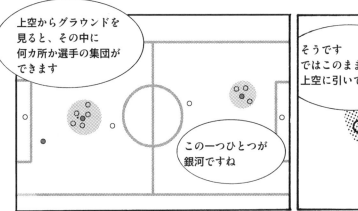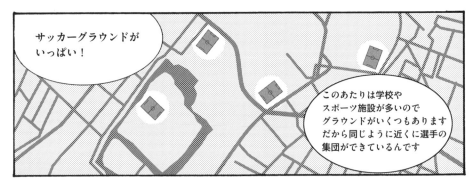

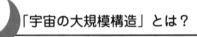

# 「宇宙の大規模構造」とは？

　私たちの住む世界が、家＜集落＜村や町、市など＜県＜国といった階層的な集団構造をもっているのと同じように、宇宙にも階層的な大規模構造がありそうだという予測は、前述したカントをはじめ、多くの人がしていた。しかしそれが明らかになっていったのは、銀河系以外の銀河の存在が確かめられてからだ。そして、その後の観測や研究により、銀河もいくつか集まってグループを作り、さらに上の階層を形成していることがわかる。

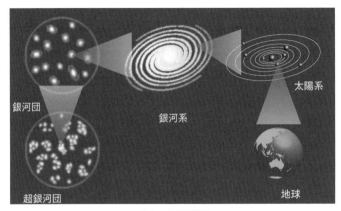

宇宙の大規模構造

●惑星系（Planetary System）

太陽系のように恒星を中心に惑星、小惑星、衛星、彗星などがひとつの「系」を形成しているもの。

●銀河（Galaxy）

数百億から数千億の恒星と星間物質など（ダークマターを含む）が重力的なまとまりによって形成されている天体。宇宙空間という海に浮かぶ島のような存在であるため、島宇宙または小宇宙とも呼ぶ。私たちの太陽系が属する銀河だけを「銀河系(the Galaxy)」または「天の川銀河（Milky Way Galaxy）」と呼ぶ。

● 銀河群（Group of Galaxies）／銀河団（Cluster of Galaxies）

多数の銀河が重力的にまとまった集団。含まれる銀河が 50 個程度までのものを銀河群、それ以上（数百から数千）のものを銀河団と呼ぶ。私たちの銀河系は、アンドロメダ銀河や大小マゼラン銀河を含む全部で 30〜40 個ほどの銀河によって作られる局所銀河群※（the Local Group）に属している。局所銀河群からもっとも近い銀河団は約 6000 万光年離れた「おとめ座銀河団」で、直径は約 1200 万光年ある。

● 超銀河団（Super Clusters of Galaxies）

数万個の銀河群や銀河団が集まり、数億光年の広がりをもつもの。

このような大規模構造を作りながら、それでも「銀河が宇宙という広がりの中で一様に分布している」というのが、かつての天文学の考え方だった。宇宙に特別な場所はないとする宇宙原理から言っても、そうなるはずだ。

ところが 1980 年代に入り、宇宙空間には銀河がまったく観測できない領域のあることが発見される。その大きさは約 1 億光年以上。さらに調べていくと、この空洞（ボイド）は泡のように連なり、その表面に銀河群や銀河団（つまり銀河）が分布していることがわかってきた。

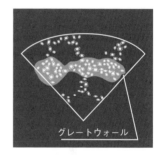

グレートウォール

1989 年、この銀河の分布の仕方が中国の万里の長城のように長く続くもののように見えることから、ハーバード・スミソニアン天体物理学センターのマーガレット・ゲラーとジョン・ハクラらによってその英語名であるグレートウォール（The Great Wall）と名付けられる。長さが 5 億光年、幅が 2 億光年という巨大なもので、当時は、これが宇宙の中でもっとも大きい構造だとされた。

ところが 2003 年 10 月 20 日、これとは別の構造の新たなグレートウォールが見つかる。地球からの距離は約 10 億光年、長さは 14 億光年で、規模としては前回の発見の約 3 倍。つまり、今はこっちがレコードホルダーだ。

名称としては、1989 年のものを「CfA2 Great Wall」、2003 年のものを「Sloan Great Wall（スローン・グレートウォール）」と呼んで区別している。

※「局部銀河群」というときもある。

# ★3－2 ハッブルの大発見★

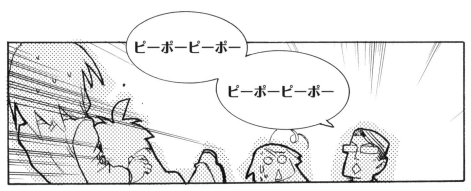

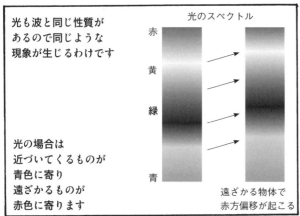

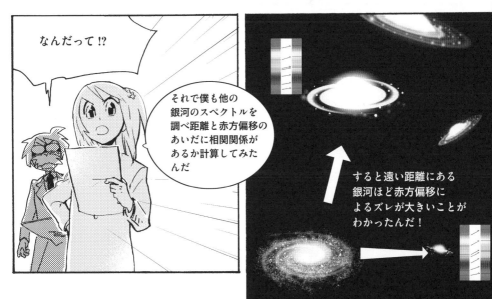

# ★3-3 宇宙が膨張しているなら……★

では、もう少し詳しく解説しましょう

お願いします

みんなは化学の授業で炎色反応ってやりましたか？

やったっけ？

物質を炎の中に入れると、含まれる元素によって色が変わる現象のことだよ

食塩はナトリウムを含むから黄色くなり、銅は青緑でした

食塩は黄色　銅は青緑

そうですね。元素はその構造によって特定の波長の光を発したり、逆に吸収したりするんです。したがって、天体からの光をプリズムで波長によって分け、虹のようにして分析すると、その天体に含まれる物質を調べることができます

スペクトルは星によってかなり違うんですか？

いや、恒星を作っている物質は※似通っているので、タイプによっていくつかのパターンがあります。ですから、似たような恒星であればスペクトルはほぼ同じになるはずなのに、スライファー（146ページ参照）は波長に赤方へのズレが生じることを発見したのです

※恒星の化学組成は、質量比にして水素：ヘリウム＝3：1で、この比率はどの星でもほとんど変わらない。

ということは食塩ならオレンジ寄りに
銅なら黄緑寄りになるということですね

じゃあ、ハッブルじゃなくてハッブルにデータを渡したスライファーって人が宇宙が膨張していることに気づきそうだけどね

でも、スライファーはアメリカでもそんなに有名な人ではありません

彼は赤方偏移が起きることから多くの銀河が私たちから遠ざかっているとは考えたものの、それは単なる天体の運動だと思ったのです。これに対してハッブルは、距離と赤方偏移の相関関係を調べあげ、遠くの銀河ほど速く遠ざかっているという事実から、宇宙膨張論に結びつけたのです

遠くのものほど速く遠ざかると、どうして膨張していることになるの？

それは、風船に3つの印をつけて膨らませるとわかりますよ

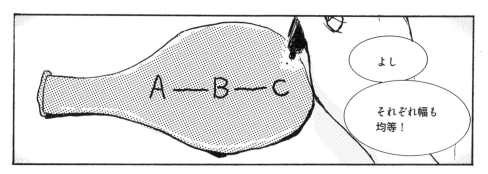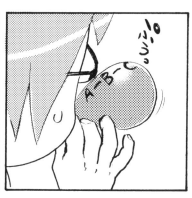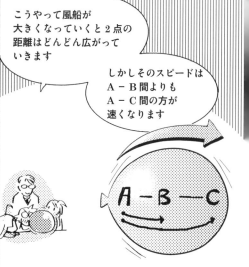

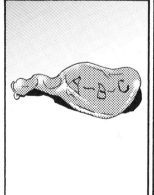

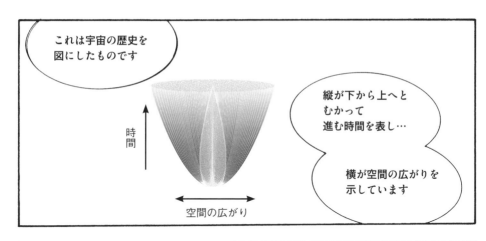

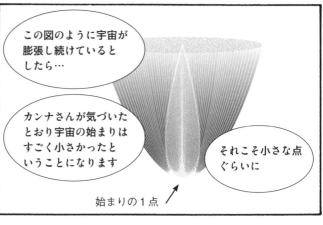

# ★ 3－4　すべてはビッグバンから始まった★

そもそも、ビッグバンというのはいつごろ起きたのですか？

膨張速度から逆算したところ、137億年プラスマイナス10億年というところで間違いはなさそうです

ちょっと待った！　取材の基本は時間だけじゃなく場所まで正確に聞くことよ。で、博士、ビッグバンはどこで起きたのですか？

おまえ、何、言ってるんだよ！　ビッグバンのあとに初めて宇宙空間という『場所』ができたんだから、その前の段階で『どこ』なんて考えはありえないんだよ

場所がないの？

わかりにくいですよね。ビッグバンはもともと空間があるところに爆発的な現象が起きたのではなく、ビッグバンによって空間ができたのです。それだけでなく、物質も時間もすべてここから始まります。ですから、もし『どこ？』というのなら、私たちのいる宇宙のすべての場所がビッグバンの現場ということになるのです

つまり、さっきの風船を膨らませる実験で、風船が膨らんだあとに『膨らむ前の風船は、大きくなった風船のどの部分にあたるのか？』と考えても答えようがないのと同じですね

## ハッブルの宇宙膨張説は不完全だった!?

　宇宙の膨張を発見したとされるハッブルだが、彼がそう考え始めたころは、そんな荒唐無稽の説を唱えると、周囲の人、特に天文台内の研究者たちから猛反発を受ける可能性が高かったようで、「ハッブル自身も相当慎重にその考え方を隠していた」と書いている本もあるほどだ。

　しかも、宇宙の膨張速度を決める値をハッブル定数といい、「$H_0$」で表すのだが、これを彼は500km/sec/Mpcと求めた（数字や単位は、ここではあまり気にしないでいいです）。これは現在わかっている値（72 km/sec/Mpc）の約7倍で、もしこの数字から、後にビッグバンと呼ばれることになる宇宙開闢、つまり宇宙の始まりがあった時期を計算すると、せいぜい20億年前ということになってしまう。岩石や化石で得られる地球の年齢は約46億年だから、なんと「宇宙の方が地球より若い」となってしまうわけで、明らかな矛盾だ。

　結局、ハッブル自身が正しいハッブル定数を求められなかったこともあり、宇宙膨張説が認められるようになるまでに、ずいぶん時間がかかったのである。

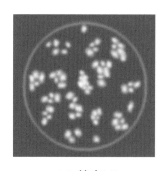

**20億年?**

**46億年**

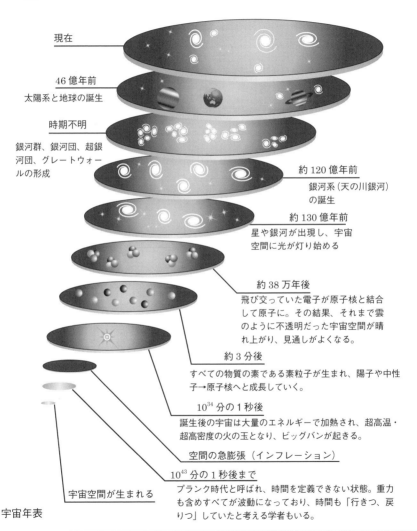

宇宙年表

ビッグバンの前にも宇宙の歴史はあったんですか?

この部分は、まだ完全にはわかっていません。特に宇宙誕生から $10^{43}$ 分の1秒間はプランク時代と呼ばれ、時計の働きをするものがまったく存在しなかったために、そのあいだに何が起こり、どのように宇宙が進化したのか、記述するための物理学がまだできていないのです。ですから、宇宙ができたと思った、いつの間にか $10^{43}$ 分の1秒経ったような状態になっていたと言うほかありません

先生にも、よくわからないことってあるんですね!

何うれしそうにしてるんだよっ!

わからないことはいっぱいありますよ。この宇宙誕生というのは、さっきの風船の話で言えば、ゴムが生まれた時点にあたります。しかし、そのゴムがどうして急激に膨張していったのか、さまざまな仮説はあるものの、断定的なことは言えません

それが、このインフレーションと呼ばれる期間ですね?

日本の宇宙物理学者の多くは、最近、宇宙に充満していたエネルギーによってインフレーションが起き、その後にビッグバンがあったと考えているようです

 先生もそう考えているんですか?

 インフレーション宇宙論には賛成する部分もありますが、ただ、宇宙はまったく何もない『無』の状態から誕生し、そこで空間だけでなく時間まで生まれたという説には異論もありますね

 時間は違うのですか?

 宇宙誕生直後にプランク時代があったため、『ここで時間も生まれた』という言い方をするのでしょうが、私はその前に、本当に時間がなかったことを意味しないと考えています。なぜなら、私たちの宇宙が存在していなかった状態から宇宙誕生という変化が起きたわけで、このような「変化」を称して時間と言うなら、超空間に超然と流れる時間があってもおかしくないからです。宇宙誕生で生まれた時間はあくまで私たち宇宙の固有時間であり、その起源になっている超時間は私たちの宇宙のあるなしにかかわらず存在している。そう考えてもいいのではないでしょうか

 超空間で無数の宇宙が誕生していると仮定すると確かに超時間は存在するような気がしますね

## ビッグバン宇宙論が認められた3つの理由

　ビッグバン宇宙論も最初は突拍子もない説だと思われていたが、その後の観測により裏付けとなる根拠が発見され、支持者を増やしていった。代表的な「証拠」をあげる。

### ビッグバンの証拠1 「宇宙マイクロ波背景放射」

　1964年、宇宙から来る電磁波を観測していた米国ベル研究所で、特定の波長のマイクロ波が宇宙空間のあらゆる方向からやってくることが発見された。これは、ビッグバンの約38万年後に、それまで自由に飛び交っていた電子と陽子が結合し始めた時代の宇宙空間の温度（約3000K）に依存する。原子が生成されて空間が透明になったとき（宇宙の晴れ上がり）、3000Kという熱により放射された電磁波は、その後の宇宙膨張によって現在は絶対温度約3Kという一定の温度を示す周波数分布で宇宙空間の至るところに存在する……というのがビッグバン宇宙論を主張してきた学者の仮説であり、2.725Kという観測結果は見事それを証明したことになる。

　宇宙マイクロ波背景放射は1989年にNASAが打ち上げた宇宙背景放射探査衛星（COBE）によって詳しく調べられ、マイクロ波放射の等方性が認められた。

### ビッグバンの証拠2 「WMAP衛星の測定」

　2001年にNASAが打ち上げたWMAP探査機（ウィルキンソン・マイクロ波異方性探査機）は、宇宙マイクロ波背景放射の温度を全天にわたってサーベイ観測した。そのデータを解析したところ、宇宙のもつ重力源あるいは構成体は70％以上がダークエネルギー（真空自体がもつエネルギー）であり、物質は残りの約30％にすぎないことがわかる。ちなみに物質の大部分がダークマターで、私たちに馴染みのバリオン物質（陽子、中性子、電子から成る通常の物質）は4％程度しかないこともわかってしまった。この結果は、宇宙誕生直後に急激な膨張があったと主張するインフレーション理論と整合している。

### ビッグバンの証拠3 「恒星の化学組成」

　さまざまな観測結果により恒星の化学組成が「水素：ヘリウム＝3：1」であることがわかってきたが、軽い元素の代表である水素とヘリウムがこのような比率で大量にある理由を説明するには、ビッグバン理論に基づく宇宙の誕生史によって電子や陽子、中性子が結合していったと考えるのがもっとも合理的である。

※2008年ノーベル物理学賞を受賞した3人、南部陽一郎博士、小林誠博士、益川敏英博士たちの研究は、まさにこの謎を解くヒントになるものです。興味のある人は調べてみてください。

ビッグバンが起きてから約3分後
空間の拡大が進んで温度は
9億度くらいまで下がります

とてつもない高温ね

でもその前には1500億度ってときもあったのだから、かなり下がったとも言えます

このくらいの温度になると、もっともシンプルな元素である水素やヘリウムの原子核が生まれてきます。つまり物質の誕生ですね
ところが、その分布は決して均質ではなかったのです

つまり、濃度にムラがあったってことだよ

どうしてそうなるんですか？

これもわかりません。ただ、自然界のさまざまな現象を見ると、完全に均質な状態になることはほとんどないのですね。こんな思考実験をしてみましょう

頭のなかで想像しながら行う実験ですね

そうです。たとえば、今、広い床にたくさんのボールをばらまきます。すると、どうなるでしょうか

確かに、均質には広がりませんね。ボールが密集しているところや、あまりないところなど、ムラができると思います

床に凸凹があると、勝手に転がっていって大変だよねー

それは話が別だろ！

いや、それも考察に加えていいんです。おそらく、宇宙の誕生に伴って物質ができ始めたとき、空間における重力の強さはどこでも同じではなく、バラつきがあったと思うのです。すると重力の大きなところにはより多くの物質が集まってきます。一度でも、こういう現象が起きると、もう均質な分布は望めません。どうしてだと思いますか？

仲間が集まったところには、もっと多くの仲間が集まる！

その通り！　物質が集まると万有引力の法則に則ってそこにもっと物質が集まってきます
そうやって銀河や銀河団ができたと考えられているのです

そうなると、宇宙には超大きい星がひとつだけあって、あとは何もない空間ってことになるんですか？

 もし全宇宙の物質が一カ所に集まったりしたら、その場の重力はとてつもなく強くなるので、光も逃げ出せない巨大なブラックホールになるでしょうね。さっきの例で言えば、たくさんのボールが一カ所に集まりすぎて、その重さで床に穴が空いてしまったようなものです

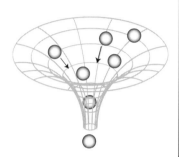

 そんな宇宙はイヤだなあ

 絶対イヤよ！

 そうですよね。結局、このあたりのストーリーは想像の域を出ないのですが、私たちの宇宙はそういう浅い凹みが無数に点在していたのでボールが一カ所に集中してしまうようなことが起こらず、星やブラックホールが共存し、最終的に銀河や銀河団、そしてグレートウォールからなる大規模構造を形成するように膨張を続けたと考えるしかありません

 まだまだナゾがいっぱいですね

# ☆宇宙人はいるのか、いないのか？☆

## ★「宇宙原理」が示唆する宇宙人の存在

　ここまでのマンガで宇宙に関してかなりのことがわかってもらえたと思う。第4章では、いよいよ宇宙の果てがどうなっているかを解明していくのだが、その前に、宇宙に関してもうひとつ、多くの人が感じる疑問「宇宙人がいるの？」についても考えておこう。

　最初に結論を言ってしまえば、宇宙について研究している科学者たちのほとんどは、どこかに人類のような知的生物がいると信じている。その根拠になっているのが、宇宙原理だ。

　宇宙原理とは、大きなスケールで見た場合、宇宙はどこも一様で、特別な場所は存在しないという考え方である。私たち人類は、最初、地球を宇宙における「特別な場所」だと思い込んだため、天動説が生まれた。しかし宇宙観測の結果をより合理的に説

明していく過程で、太陽中心説、地動説と進歩していったのだが、これはまさに、「宇宙はどこも均質で一様」という結論に向かって走ってきたようなものだ。

　そのパターンから言えば、太陽系の地球という惑星だけに生命が誕生したという説は根拠を失う。私たちの地球は決して特別な場所ではないのだから、当然、宇宙の他の場所にも地球と似た環境があり、生命が生まれ、進化しているに違いない。つまり、宇宙人は必ずいるのである。

## ★地球外生命の数を計算できる方程式がある

　大枠として宇宙原理は正しく、宇宙人がどこかにいるのは確かなのだろうが、問題は、どのくらいの密度で生命が存在するのかということだ。

　これについて、1961年、アメリカの天文学者であるフランク・ドレイク（1930～）は、おもしろい方程式を発表した（ドレイクの方程式）。これを計算することで、銀河系の中に地球外生命がどのくらい分布し、私たちと交流できるか、推定できるというのである。

$$N = R_* \times f_p \times n_e \times f_l \times f_i \times f_c \times L$$

$N$ ：我々の銀河系に存在する通信可能な地球外文明の数
$R_*$ ：我々の銀河系で恒星が形成される速さ
$f_p$ ：惑星系を有する恒星の割合
$n_e$ ：ひとつの恒星系で生命の存在が可能となる範囲にある惑星の平均数
$f_l$ ：上記の惑星で生命が実際に発生する割合
$f_i$ ：発生した生命が知的生命体にまで進化する割合
$f_c$ ：その知的生命体が星間通信を行う割合
$L$ ：星間通信を行うような文明の推定存続期間

　計算するには、文字で記された各パラメーター（変数）を決めなければならないが、実はこれが大変な作業になる。要するに、はっきりしないものが多いのだ。したがって、ドレイクが1961年に用いた数値を入れると、$N$は1よりはるかに大きくなる。つまり、銀河系内には地球以外にも高度に進化した（少なくとも通信技術をもっている）生命体が多数あるというのが彼の結論だ。

　なんか、だまされたような気分にされる方程式だが、カール・セーガン（1934～1996）をはじめとする多くの学者はドレイクの考え方を大筋では認めており、銀河系内の地球外生命の数についても「地球人が交信できる可能性は充分にある」としている（ただし、計算で求められた$N$は10から100万までさまざま）。つまり、宇宙人は、案外、身近なところにいそうなのである。

## ★世界的な物理学者が発した宇宙人への疑問

　銀河系には太陽系のような惑星系が2000億から4000億個もあるので、地球と似た環境をもつ惑星をもち、生命を育んできたとしもおかしくはない。しかし、そんな楽観的な予測に真っ向から反対した人もいた。それが、イタリア出身の物理学者エンリコ・フェルミ（1901～1954）だ。フェルミは日本では案外知られていないが、世界で最初に原子炉を作ったノーベル物理学賞受賞者である。

　そんな彼は、1950年のある日、同僚の科学者たちと昼食をとりながら、宇宙人の存在について議論をする。ドレイクの方程式が発表される11年前のことだが、それでも当時の天文学者たちは地球外文明存在の可能性の高さを確信しており、フェルミのような違う分野の学者にとっても関心のあるテーマだったのだろう。

　おそらく、ドレイクと同じようにさまざまなパラメーターから地球外生命の可能性を考えていたと思われるが、そのとき、フェルミがこんなことを言い出した。

「宇宙人のことを考えるのはいいのだが、で、彼らはどこにいるんだ?」

素朴な疑問だが、もっともな指摘だ。

銀河系に多くの地球外文明があるというのなら、彼らの宇宙船に遭遇するのは難しいとしても、放送や通信に使われた電波くらいは発見されてもいい。しかしそのような人工的な痕跡は、今のところまったく見つかっていないのだ。

フェルミは物理学の理論で多くの歴史的な功績をあげただけでなく、実験でも業績のある「思考と行動」の人である。いくら考えを巡らせても、接触の証拠がない以上、「身近な宇宙人」はいないということになる。これをフェルミのパラドックスという。

その後、ドレイクの方程式などを使って地球外生命存在の可能性を示そうとした人は多いが、そのたびに、「じゃあ、なんで(存在の)証拠がないんだ?」と突っ込まれてしまうと反論できない。フェルミのパラドックスはけっこう奥深いのである。

## ★生命の誕生はよくあること? それとも……

地球では、あらゆるところに生物がいる。それがわかってきたのは、割と最近のことだ。

1977年、アメリカの潜水調査艇アルビン号で太平洋の深海にある熱水噴出孔を調査していた科学者たちは、奇妙な生物たちを発見した。そのひとつがチューブワームだ。

熱水噴出孔とは地熱で熱せられた高温の水が噴き出す海中の噴火口で、多くの場合、周囲には猛毒の硫化水素などが充満していることから、それまで生物はいないものだと思われていた。ところが、チューブワームは体内に硫化水素をエネルギー源とできる化学合成細菌を共生させ、そこで発生する有機物を栄養源にすることで、深海でも繁殖していた。

チューブワーム以外にも、熱水噴出孔には魚やカニなど多くの生物がいて、独自の生態系を作っている。それは大きな発見だった。

このような「未知の生物」の調査は今でも続いていて、地球上であれば、高山の上から水中、地中まで、ほとんどのところになんらかの生物がいるのではないかと主張する学者は多い。なにしろ、35億年前には溶岩を食べていた微生物がいたとさえ言われているほどだ。

想像以上に厳しい環境のもとでも生物が生存できるという事実は、宇宙生命の存在を信じる人にとって、まさにうれしいニュースだった。というのも、木星の衛星のひとつであるエウロパは表面が氷で覆われているのだが、活発な火山活動が確認されていることから、熱水噴出孔をもつ海が氷の下にある可能性は高い。そうなると、そこにはチューブワームのような生物がいるかもしれないのである。

ただこの仮定には、当然、フェルミのパラドックスのような反論もある。

生物がかなり過酷な環境でも繁殖していけるのなら、アポロ宇宙船などが月からもって帰ってきた岩石に、なぜ生物のいた痕跡がないのか? 水があることは確実視されてきた火星に、なぜ

生物が発見されないのか？

　微生物すら見つからないというのは、もともと進化の元になる原始生命がこれらの星にはなかったからで、ある天体に生命が誕生する可能性は、そんなに高くないのかもしれない。つまり、今度、生物が生きられる環境の星があったとしても、そこに生命が生まれているとは限らないのだ

　そういえば、地球の生命も隕石などによって宇宙を運ばれてきたものがルーツになっているという説を唱える学者もいる。それだけに、宇宙人探索には、天文学だけでなく生命誕生に関する研究も必要なのである。

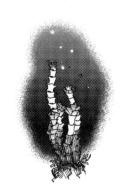

チューブワーム

## ★いちばん近い「地球外生命」はどの星にいそうか

　多少、悲観的なことも言ったが、今度は環境面だけを考え、地球外生命がいそうな天体を探してみよう。

　太陽系内では、先ほどのエウロパと同じ木星の衛星であるガニメデ、土星の衛星タイタンなどが有力な候補に挙げられている。どちらも氷や水の存在する可能性が高いからだ。そういう意味では、氷の湖が発見されたと報告されている火星は、まだまだ可能性を捨てきれない。

　太陽系外では約12光年離れている「くじら座タウ星」や10.5光年離れている「エリダヌス座エプシロン星」には地球に近い環境をもつ惑星があると言われており、電波望遠鏡による観測が続いている。現在、日米欧で地球外生命探査プロジェクトが行われており、宇宙人が発見される日も、そんなに遠くはないはずだ。

　2003年、NASAによって打ち上げられたスピッツァー赤外線宇宙望遠鏡の観測によると、すでに太陽の質量に近い恒星が300個近くも発見されている。そのうち3分の1は惑星系を形成中だそうだが、ということは残りの200個はすでに惑星をもっていることになる。つまり、惑星系の存在確率は決して低くはない。

　当然、そのなかには地球文明よりも進んだ文明を持った地球型惑星もたくさんあるはずで、期待はもてそうだ。

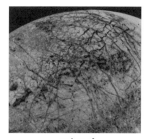

エウロパ

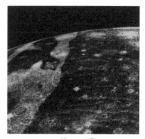

ガニメデ

### ★地球外生命とのコンタクトはありえるのか？

　もし、地球外生命が発見された場合、私たちがコンタクトをとる方法があるのか、考えてみよう。

　ある程度、高度な文明をもった「宇宙人」が確認できるとしたら、それは電波によるものになると思われる。放送や通信用の電波は自然が発する電磁波とは明らかに異なるので、それさえ見つけられれば、そこに向かってメッセージを発信することでコンタクトは可能だ。ただ問題は、先ほど紹介した、くじら座やエリダヌス座の星ですら10光年以上離れているわけで、「よろしく」「こちらこそ」のやりとりだけで20年もかかってしまう。

　太陽系からもっとも近いケンタウルス座アルファ星でも4.22光年はあるので、かなり気の長い交流になりそうだ。もっとも、年賀状のやりとりしかしていない友人との関係も似たようなものなので、10年に1回くらい連絡をとりあえるのなら、充分に楽しそうだが……。

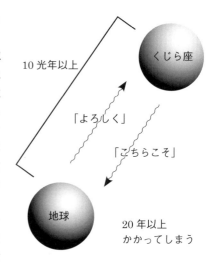

　通信だけでは寂しいので、実際に宇宙船で訪問する方法がないのか？

　光速に近いスピードを出せる宇宙船の開発は、時間とお金さえかければできると言われているので、10光年程度（往復約20年）までの星であれば、志願して旅する人は現れるかもしれない。ただし問題は、重力との闘いだ。

　地球人はこの星の重力加速度1Gの環境でしか生きられない。このため、スペースシャトルなどのたった数日間の宇宙への旅のときですら、飛行士たちは、毎日、トレーニングをして筋肉が衰えないようにしている（それでも地球に帰ってくると重力がきついと思うそうだ）。

　映画『2001年宇宙の旅』では、回転しながら遠心力を利用して「疑似重力」を発生させる宇宙船が登場する。方法としてはこれがいちばんだろうが、それだけの大きいものを地球から打ち上げる方法が問題になってくる。順序としては月面か宇宙空間に基地を作り、そこで大型宇宙船を組み立て、いよいよ太陽系の外へ……、という手順になりそうだ。

### ★最強の宇宙飛行士といわれるクマムシ

　人間が地球外生命との直接コンタクトを求めて大宇宙に出て行くにはもう少し時間がかかりそうだが、私たちに代わる「宇宙飛行士」候補として有力視されているのが、クマムシという生物だ。

　クマムシとは最長で1.5ミリメートルほどになる小さな動物で、「ムシ」と呼ばれるものの昆虫ではなく緩歩動物の一種だ。4対8本のずんぐりした脚でもそもそと歩く。

　なんと言ってもすごいのは生命力の強さで、通常、体の水分を極端に減らした乾燥状態になると、100年近く生き続けられると言われている（乾眠状態）。さ

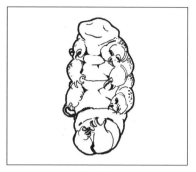

**クマムシ**

らに温度はマイナス273℃からプラス150℃程度まで、圧力も真空から7万5000気圧まで、そしてX線などの放射線も人間の致死量の1000倍以上浴びても大丈夫なのだそうだ。

　このタフな身体を活かし、地球上では熱帯から北極、高山や深海、さらに温泉の熱湯の中にまで暮らしている。私たちの周りにもいくらでもいる、ありふれているがすごいやつ、それがクマムシだ。実際に2008年9月、スウェーデンとドイツの研究チームがクマムシを宇宙空間に10日間さらす実験を行った。結果、真空、低温、太陽からの紫外線などに耐え、一部が無事に帰還した。

　宇宙への旅は、過酷な環境への挑戦である。人類が安全に航行できる宇宙船を作るのは大変でも、クマムシ君であれば、乾眠したまま、何光年も先の星で復活できるかもしれないのだから、計画ははるかに簡単になる。実行されれば、地球上であらゆるところに生命があるように、やがてはクマムシから進化した生物が宇宙中で活躍するかもしれない。

## 「宇宙」の大きさを測る方法3
## 星の性質をよく知れば距離もわかってくる？

●**太陽に似た色の星を探せ！**

地球の公転による年周視差を利用した三角測量によって調べられる天体までの距離は、だいたい500〜1000光年だということは、すでに述べた。銀河系の直径が約10万光年だから、これでは1000分の1にすぎない。その先の宇宙を知るにはどうしたらいいのだろうか？

ひとつ、簡単な方法としては、太陽との比較がある。

太陽のような恒星は核融合反応によってエネルギーを発し、光るのだが、どんな反応をするかは質量（つまり重力）で決まってくる。したがって、恒星が放つ色が同じであれば、その恒星の元の明るさ（絶対等級）はだいたい一緒だと言えるのだ。

その関係をまとめたのがヘルツシュプルング・ラッセル図（HR図）である。デンマークの天文学者アイナー・ヘルツシュプルングとアメリカの天文学者ヘンリー・ノリス・ラッセルにより独立して提案された図では、縦軸に絶対等級（恒星の発光量）、横軸にスペクトル型（色＝表面温度）をとった分布図になっている。

例えば、年周視差が測定限界以下の星でも、太陽と同じスペクトルであれば絶対等級は決まってくるから、見た目の明るさ（実視等級）

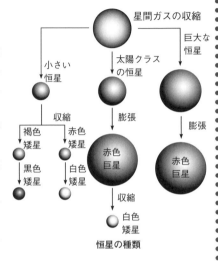

恒星の種類

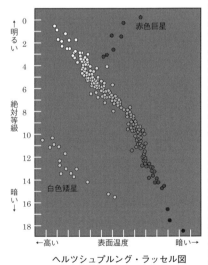

ヘルツシュプルング・ラッセル図

から距離が推定できる。

　もっとも、絶対等級とスペクトルの関係はそれほど厳密に決まっているわけではないし、星の明るさも、途中に光を遮る星間物質などがあれば絶対等級と距離だけで決まらないから、かなりの誤差が生じるのはしかたがない。

### ●明るさが変わる星が「宇宙の灯台」になる

　もう少し正確な距離の測定方法はないか？　その答えを見つけ、その後の天文学に大きな進歩をもたらせたのが、アメリカの天文学者ハーロー・シャプレー（1885〜1972）である。

　彼が注目したのは変光星だ。

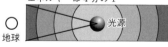

光のエネルギーは距離の二乗に反比例する

**絶対等級による距離測定**

　天体が「変光」するにはいくつかの理由がある。巨大な恒星が最後に起こす超新星爆発のケースもあれば、明るい星と暗い星が対になって回っているため、見かけ上、変光星になるケースもある。しかしもっとも多いのは、表層が周期的に膨張したり、収縮したりすることで明るさが定期的に変わる星で、これを脈動変光星という。

　脈動が起こる理由はやはり核融合反応によるもので、セファイド変光星と呼ばれる星はヘリウムどうしがくっつきながら、より重い炭素や酸素への変化が進んでいるのだが、その過程で星全体が縮小していくものの、外層が不安定なために脈動すると言われている。そしてこのセファイド変光星は、「変光の周期が長い星ほど絶対等級が明るい」という性質があるのだ。

　そこに目を着けたシャプレーは、見た目の等級と変光周期を測定することで距離の測定に利用できると考えた。そして銀河系内の球状星団にあるセファイド変光星の観測により、太陽系は銀河系の中心にないことがわかったのである。

　セファイド変光星を天体までの距離測定に利用できるようになってから、1000万光年くらい離れた天体の位置も、ある程度、正確にわかるようになり、宇宙の地図は大きく塗り替えられる。その後、銀河系以外にも多くの銀河があることや、宇宙が膨張する証拠である赤方偏移などが発見されることになったのも、シャプレーのおかげと言っていいだろう。

## ●さらにある距離測定の方法

　セファイド変光星を利用した天体の距離測定は、その後、観測技術が進歩していくことで、多少の誤差を覚悟すれば1億光年くらいまでは可能になってきた。しかし、これでもまだ、宇宙の全体像の約1％しかわからない。私たちが物理的に観測できる宇宙の領域は150億光年くらいなので、そこまで測定範囲を広げることが天文学者たちの夢のひとつだ。

　これまでに考案された測定方法を紹介しておこう。

## ●超新星による測定

　Ia型という超新星（進化した巨星ないし超巨星と白色矮星から成る連星系だと考えられている）は、ピーク時の絶対等級がほぼ一定という性質をもっている。しかもその明るさはセファイド変光星に比べて約10万倍！　銀河1個分ほどの光を発するので、測定できる距離はずっと長い。

　ただし、超新星は特定の星が寿命を終えて爆発する瞬間にしか観測できず、私たちの銀河系の中で見つけられるのは数十年から100年に1回くらい。ただし、宇宙全体では、1年に20〜30個は発見されている。

## ●赤方偏移による測定

　宇宙の膨張による赤方偏移は、「遠い天体ほど速いスピードで地球から離れている」ということから考えれば、距離に比例して大きく起こることになる。したがって、銀河のスペクトル線の波長のずれを観測することで、速度、つまり地球からの距離を知ることが可能だ。

## 第4章
宇宙の果てはどうなっているのか？

★4-1 宇宙をまっすぐ進んだ先★

★ 4－2　いちばん近い地球型惑星 ★

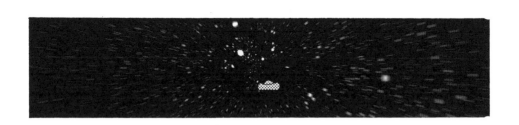

## ☆かぐや号の旅双六☆

地球

太陽系

銀河系

### 銀河系（天の川銀河）

天の川が夏によく見えるのは、夏の星座である「いて座」の方向に銀河系の中心があるから。地球（太陽系）は、直径が約10万光年ある銀河系「ディスク」の中心から約2万8000光年離れたところにあるので、天の川には濃淡ができる。

だから、夏に七夕があるのね

つまり、銀河系の中心を眺めるお祭りでもあったんですね

20世紀になるまでは、銀河系が宇宙のすべてだと思われていましたから、七夕はまさに宇宙の真ん中を覗き込む、壮大なイベントだったとも言えますね

スタート

## グレートウォールとボイド

### ゴール
### 宇宙の果て？

### グレートウォールとボイド（空洞）

銀河は銀河団や超銀河団などを構成することもありますが、宇宙空間全体でみると網の目状の分布をしている。つまり、たくさんの泡が集まり、その膜の部分が銀河、泡の内部がボイド（空洞）になっている。地球から観測すると、銀河は大きな壁を作っているようになるので、このような宇宙の大規模構造をグレートウォールと呼ぶ。

今のところ、グレートウォールとボイドによる網の目が、宇宙のもっとも大きな構造だと言われています

つまり、これ以上、遠くに行っても、同じような構造が続くってことですね

### 局部超銀河団（おとめ座超銀河団）

銀河団や銀河群が集まって構成する超銀河団は、1億光年以上の広がりをもつ、まさに超ビッグサイズの天体の集団だ。私たちの銀河系（つまり局部銀河群）が属するのは局部超銀河団。別名、おとめ座超銀河団と呼ばれる。

地球のある局部銀河群は、おとめ座超銀河団の中ではかなり端っこのほうにあるので、中心部に近いおとめ座のM87銀河までで約6000万光年はありますね そして直径は2億光年くらいだと言われています

### 局部超銀河団

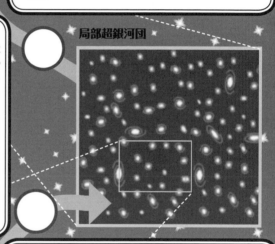

### 局部銀河群

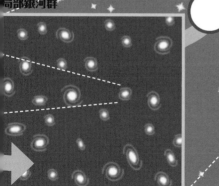

銀河は宇宙空間の中で、銀河群または銀河団という集団を作っている。私たちの銀河系（天の川銀河）の属しているのが局部銀河群。40個ほどの銀河が集まっている。いちばん大きいのはアンドロメダ銀河で、ディスク部分の直径は約13万光年と、銀河系よりひと回り大きい。

大きさは科学者の計算によると、局部銀河団の直径は2.4〜3.6Mpc（メガパーセク）と言われています

パーセクは年周視差1秒となる天体までの距離で、確か1pc＝3.26光年だったから……780〜1170万光年になります

## ★ 4-3 到着した宇宙の「果て」★

## ☆讃岐教授の講演☆

　宇宙がビッグバンによって誕生したという話は、みなさんも聞いたことがあるでしょう。
　しかし、宇宙が誕生したとは、どういうことなのでしょうか？
　私たちが認識している宇宙、それは縦、横、高さの３本の座標軸で表すことのできる３次元空間です。もちろん、そこから抜け出すことはできません。私たちにとっては、ここがすべてなのです。
　ところが、４次元以上のもっと高次元な空間、これを「超空間」と呼んでおきますが、そこから見れば、３次元空間はひとつの閉じられた系でしかありません。ちなみにここで言う４次元とは、３次元空間＋時間のことではなく、４本の座標軸で表せる空間です。そして背後には共通して流れる「絶対時間（超時間）」があると想定しておきましょう。

　私たちはそんな４次元空間をイメージすることはできないので、ここでは３次元から２次元を見ることでモデル的に考えていきます。
　今、私は風船をもっています。この表面は２次元ですね。そして空間的に曲がり、球面になっています。
　これと同じように、私たちのいる３次元宇宙空間も、４次元的には曲がっていると考えられるのです。
　ちなみに、通常の宇宙船ではなく、もしなんらかの「力」で４次元空間に突き出し、再び戻ってこれるような移動手段があれば、３次元空間から見た場合、ある場所で突然消え、別の場所に現れるスペースワープをしたことになります。
　この「４次元ロケット」は、３次元の宇宙の端を簡単に超えてしまうのですが、その視点に立てば（つまり、４次元から私たちの３

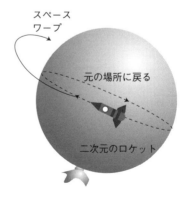

二次元のロケットが風船の端を目指すと

次元宇宙を見れば)、宇宙の端はそこらじゅうにある。先ほど私が、「別の意味で、宇宙の端はみなさんのすぐそばにあります」といったのはそういう意味です。

さて、それでは3次元宇宙空間とは、どんな「形」をしているのでしょうか？

ここでは難しい説明は省きますが、数学的な計算によると、次の3つのモデルのどれかになると言われています。

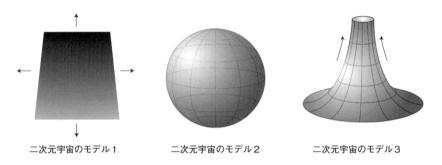

二次元宇宙のモデル1　　二次元宇宙のモデル2　　二次元宇宙のモデル3

ひとつは曲率、つまり空間の曲がり具合がちょうどゼロのときで、どこまで行っても広がっている空間。2次元にたとえれば、ずっと続く平面になります。図にすると、どうしても「端っこ」があるように見えてしまいますが、実際にはどこまでも続いていますから、3次元を飛び出さずに進む限り、「宇宙の果て」には絶対に行き着きません。

2つ目は曲率がプラスの場合で、2次元モデルで表すと地球儀のような球面になります。そして3つ目は曲率がマイナスのときで、トラクトリックス回転面と呼ばれるものです。

私たちの宇宙のモデルとして、曲率がプラスの球面を考えた場合、「宇宙の果て」を目指して3次元的にまっすぐ進んでいった宇宙船は、やがて元のところに戻ってきてしまいます。

もし光速を超える宇宙船が実現できたとすればスペースワープをして宇宙の果てである超空間に到達できるかもしれませんが、この3次元的な宇宙にいる限り、相対性理論による制約で超光速は出せません。つまり、いくら進んでみても果てには行けず、せいぜい元の出発点に帰ってくるだけということになるのです。

エピローグ
宇宙はひとつしかないのか？

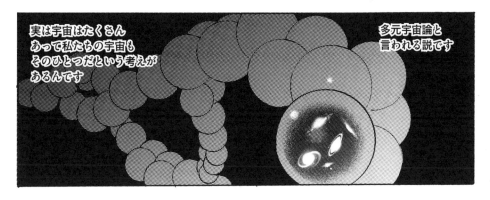

## 「宇宙はいくつもある」という多元宇宙論

　多元宇宙論（マルチバース = Multiverse）とは、私たちの宇宙以外にも複数の宇宙があるという考え方だ。宇宙（空間）の入れものとして「超空間」を想定し、そこにたくさんの宇宙がプカプカ浮いているという考え方をする人もいる。宇宙と宇宙のあいだにどんな関係性があるのか不明だが、「宇宙がそれぞれ相互関係にあり、全体でひとつの超生命体を構成しているのかもしれない」というのは、本書の監修者である川端潔先生の夢を含んだ想像だ。

　宇宙の中に特別な場所はない、宇宙はどこでも同じようになっているという宇宙原理をさらに拡大解釈していけば、「私たちの宇宙だけが特別だ」という考えは成り立たず、他にも無数の宇宙があるはずだとも考えられる。つまり「超宇宙原理」というものがあれば、多元宇宙論はそれほどおかしい考え方ではない。少なくとも哲学的には、その方が自然だと思うのは、おかしいだろうか。

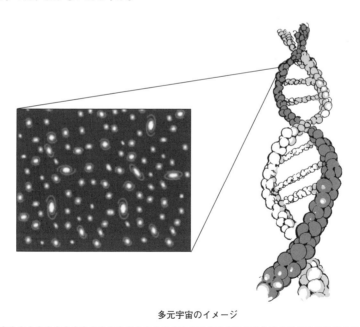

**多元宇宙のイメージ**

## ☆宇宙の果て、宇宙の誕生、そして宇宙の最後……☆

　宇宙の果てを目指して「まっすぐ」に進んでいった宇宙船が、いつの間にか元の場所に戻ってしまう。理由は「空間が曲がっているから」と言われても、簡単には納得できないはずだ。このマンガの原作を書いている僕だって、実のところ、完全には理解していない。なので、ここはお互い「わかっていない者」どうし、理論だとか数式だとかいった難しい説明はできるだけ避けながら、少しでも真実に近づく努力をしてみよう。

### ★空間はなぜ曲がってしまうのか？

　いきなり3次元空間を考えようとしても無理なので、定石通り、ここは次元の数をひとつ減らして、2次元に置き換えてみる。2次元空間とは、要するに紙の上の世界である。ここにあるすべてのものの位置は、2本の座標軸で表すことができる。

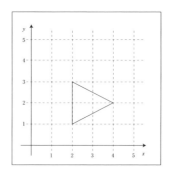

　グラフのままだと、「空間」という感じがしないので、3次元の中に置いてみよう。

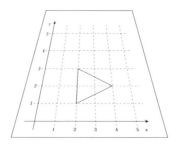

さて、ここで考える。上の2次元空間は、私たちから見れば「平面」だ。板のような平らな世界である。しかし、こんなことって、普通にありえるのだろうか。

例えば紙を空中でもっているとき、よほど厚くて堅くないと、ぺらぺらと歪んでしまう。こんなふうに、ぴしっとなることはないはずだ。

もちろん、2次元の住民にしてみれば、そこが3次元的に曲がっていようといまいと関係ない。グラフ用紙は丸まっていようとくちゃくちゃになっていようと、$xy$座標で示される世界は同じなのだから、どうでもいいのだ。そしてもちろん、そんな空間の曲がりには気がつかない。

## ★平面も円柱も球もみんな同じ場所にもどる？

そんな曲がり方の度合いを「曲率」という。曲率がゼロのときはまっすぐで、曲率が大きくなるほど急カーブを描いて曲がっている。そう覚えておいてほしい。

先ほどの平らなグラフ用紙のような世界は、3次元にいる私たちから見たとき、「曲率がゼロの2次元空間」となる。しかし、たいていの場合、グラフ用紙は曲がってしまう。曲率をゼロで維持するのはけっこう大変そうだ。

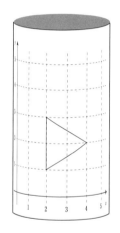

では、ここで$x$軸の方向に曲率がゼロではなくなったとする。図で言えば横の方向に曲がってしまうのだ。するとどうなるか？

空間（この場合は2次元平面）が無限の広がりをもっている場合、曲率が一定であれば3次元的にはぐるっと回り、最終的には右上の図のようになる。$x$座標のプラス方向とマイナス方向の先がくっついて円柱のような形を作るのだ。

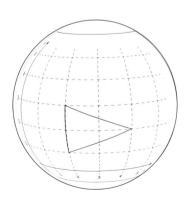

何度も言うように、もちろん2次元世界の住人にとっては、そこが円柱かどうかなんてわからない。ただ、「$x=\infty$」といった住所を頼りに歩いていくと、いつの間にか$x$がマイナスになっているという不思議さを味わうだけである。

さらに言えば、「$x$軸方向だけに曲がっている2次元空間」なんていうのも、かなり特殊な状況だ。もし空

中で布のようなものをもっていれば、普通、縦にも横にも曲がってしまう。したがって、$y$軸方向の曲率も上げていくと、導き出される形は、球体でしかない。

$x$軸や$y$軸方向の曲率が必ずしも一定でなくても、一定方向に曲がり続けていれば、大きく広がる2次元空間は最終的に$xy$の両座標方向で交わり、球体のような閉じた形になる。

そしてこれは3次元空間でも同じ。

私たちが設定できる$xyz$の3本の座標軸が4次元的にもまっすぐなら宇宙の中をどこまでも旅していくことができるが、もしちょっとでも曲がっていれば、いつかは同じ場所に戻ってきてしまうのである。

### 宇宙空間で使うのはガウスの曲率※

「曲がった断面」といったものを考えるときには、よく「ガウスの曲率」というものを使う。これは、曲面上の一点における最大曲率と最小曲率の積のことだ。

さきほどの図のような円筒の場合、$x$軸の曲率はプラス値であるものの、$y$軸方向はゼロ。したがって、最大曲率と最少曲率の積$xy$はゼロとなるわけで、「円筒は曲面でありながらガウス曲率は平面と同じくゼロ」となる。そういう意味では、球面とはかなり性質の異なる空間と言える。

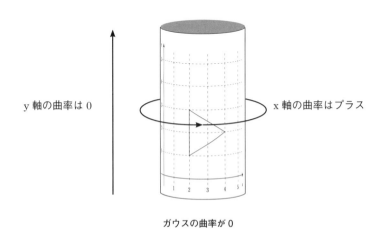

y軸の曲率は0　　　　　　　　　　x軸の曲率はプラス

ガウスの曲率が0

※三次元以上の空間の場合、「断面曲率」と呼ばれることが多い。

## ★考えられる「宇宙の形」は3つ

ところでこの曲率は、単純にゼロかプラス（正）の値だけをとるわけではない。ここから話は少しややこしくなるのだが、数学的にはマイナス（負）の曲率というものもありえるのだ。

曲率、つまり曲線や曲面の曲がり具合を表す量がマイナスとはどういうことなのか？

この説明を数式ではなく文章でするのは非常に難しい。というより、僕自身もあまりよくわかっていない。そこで、監修をお願いしている川端潔先生に教わったことなどをもとに、できるだけやさしく説明してみよう。

まず、ここでもう一度、マンガの中で讃岐教授が行った講演に出てきた「2次元宇宙モデル」の3つの図を思い出してほしい。球面と平面、そしてトラクトリックス回転面と呼ばれるあまりなじみのない形だ。ちなみに、図のトラクトリックス回転面は尖った富士山のように見えるが、これはわかりやすくするためにあくまで「一部」を抜き出しただけなので、実際には上下にもっと続いている。ここの示した平面が決して四角ではなく、上下左右に無限に広がっているのと同じだ。

1．曲率は正　　　　　　2．曲率はゼロ　　　　　3．曲率は負

 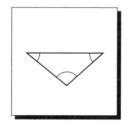 

内角の和が180°より大きい　　内角の和が180°　　　内角の和が180°より小さい

**3つのモデルの曲率**

さて、これらの3つのモデルの上に三角形を描いてみる。すると、2の「平面」で内角の和は180°になるのは、数学の授業で習った通りだ。

では、1の「球面」はどうか？　これは、180°より大きくなる。そして3の「トラクトリックス回転面」では内角の和は180°以下だ。

「三角形の内角の和が180°以上」とは、地球の北極点を頂点に、赤道を底辺にした三角形を考えるとわかりやすい。この場合、頂点と底辺を結ぶ辺（つまり経線）と底辺（赤道）がつくる角度は直角（90°）だ。したがって、底辺のつくる2つの内角の和だけですでに180°になり、

頂点の内角を加えると180°を超えてしまうのである。これが、曲率が正（プラス）という意味だ。

なお、曲率が負（マイナス）のケースは具体的にイメージするのが難しいので、ここでは説明を省略する。

私たちが認識している3次元宇宙も、4次元から見たときには、曲率が「正か、ゼロか、負か」という3種類の形をとるものと考えられる。そこから生まれたのが有名なフリードマンの宇宙モデルだ。

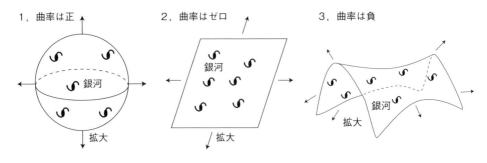

フリードマンの宇宙モデル

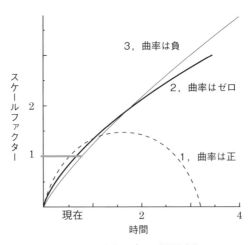

フリードマン宇宙モデルの時間的変化

旧ソ連の宇宙物理学者アレクサンドル・フリードマン（1888〜1925）は、膨張や収縮を続ける動的な宇宙を前提に、曲率が正、ゼロ、負のそれぞれの場合で空間がどうなっていくか考えた。そしてこれもまた、2次元モデルとして左ページの図に模式化してある。表面に貼りついている「S」のように見えるのが銀河である。

　ちなみに曲率が負のケースは、その形から「馬の鞍型宇宙」と呼ばれるが、要するにトラクトリックス回転面を別の角度から見ているだけだ。

　本来、3次元である宇宙を2次元で表しているため、なかなかイメージしにくいが、ただ、数学的に考えた場合、空間の曲がり方は曲率が正、ゼロ、負の3つの場合ごとに違うので、考えられる宇宙の形は3種類となる。とりあえず、そのことだけを頭に入れておいてほしい。

## ★宇宙は動的なのか？　静的なのか？

　マンガの中では、ハッブルが天体の赤方偏移を発見したことで宇宙の膨張がわかったと説明したが、ハッブルがそれを見つけたのは1929年であり、さっき出てきたフリードマンが亡くなったあとだ。つまり、「宇宙は大きさを変える動的なものだ」という考え方は、その前からあったのである。そのきっかけを作ったのが有名なアルバート・アインシュタイン（1879〜1955）なのだが、ただ彼自身は、むしろ静的な「変化しない宇宙」を考えていた。そのために、大きな失敗をしてしまう。

　アインシュタインが1916年に発表した一般相対性理論では、重力（引力）を「質量をもつ物質により生まれる周囲の空間の歪みによる物理現象」であるとした。つまり、ニュートンの物理学のように物質がお互いに引っぱりあうのではなく、空間に与える影響だと考えたのである。

　ニュートンは物質どうしが手をつないで引っ張り合い、アインシュタインは空間（絵では平面）を凹ませて周りのものを落とそうとするイメージになる。

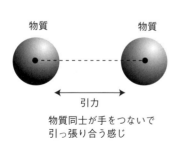

物質同士が手をつないで
引っ張り合う感じ

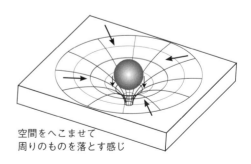

空間をへこませて
周りのものを落とす感じ

**ニュートン物理学による重力のイメージ**　　　　　**アインシュタインが考えた重力のイメージ**

しかし、その考え方でも、「宇宙がなぜ今のような姿でいるのか?」という問題は解決されなかった。というのも、重力（引力）がすべての物質に及ぶなら、宇宙は時間とともに収縮してしまわないとおかしいからだ（最初は静的であったとしても）。
　ちなみにニュートンは、「宇宙は無限に広く、遠くからも引っ張る天体がたくさんあるから万有引力があっても収縮しない」としたが、実際、そんな微妙なバランスで宇宙が保たれるのかどうか、疑問をもつ人は多かった。なぜなら、この「バランス」はあまりにも不安定で、ちょっとでも周囲より物質（この場合は星など）の濃いところが生じると、その点に向けて物質が集まり、加速的につぶれてしまうことが簡単な計算で示せるからだ。
　そこでアインシュタインは、物質どうしは引きあうが、空間どうしは反発しあう斥力というものが存在し、「引力と斥力がつりあっているから宇宙は静的である」とした。それが1916年段階の結論である。
　もっとも、このアインシュタインの静的宇宙も、ニュートンの考えた宇宙と同様、きわめて不安定なつりあい状態であり、物質密度にわずかな濃淡が生じると動的になり、あっという間に収縮したり、膨張したりすることがわかってくる。そこから次の宇宙論へとつながっていくのである。

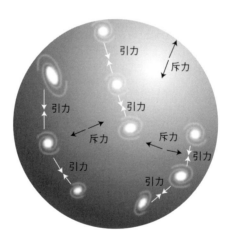

**アインシュタインが考えた静的宇宙のイメージ**

★アインシュタインよりもアインシュタインらしく

　アインシュタインが一般相対性理論の中で示した方程式（重力場の方程式）には、最初、斥力というファクターはなかった。しかし自分自身の考え方を進めていくと、宇宙は今の姿ではいられなくなってしまう。そこで彼は仕方なく、斥力の影響を表す「宇宙項」という定数をつけて、発表したのである。ただし数学的には十分許されることであった。
　しかし何人かの物理学者は、そこに疑問をもった。
　斥力とはあくまでアインシュタインが頭の中で考えた仮想的なもので、なくてもいいのではないか？　宇宙は膨張や収縮をする動的なものだと考えれば、宇宙項は必要ない。
　そしてフリードマンが発見したのが、彼の宇宙モデルに示される3つの解である。
　もし、宇宙に存在する物質の質量の総和が小さければ、膨張する力に重力は勝てず、宇宙はどんどん大きくなっていく。質量が大きければ、逆に宇宙は収縮する。そして、たまたま物質の質量が両者の臨界（境目）にあるとき、膨張は続けるもののその速度はやがて減少する。222ページの図の下にあったグラフは、それを表しているのである。
　後に「宇宙はたしかに膨張しているらしい」とわかってきたとき、宇宙項を考え出して宇宙膨張の可能性を否定してしまったアインシュタインは、「人生で最大の失敗だった」と嘆いたそうだ。

## アインシュタインの失敗はまだまだ続く

　宇宙膨張説にどうしても反論することができず、忸怩たる思いで自らの重力場方程式から宇宙項（宇宙定数）を外したアインシュタインだが、彼の死（1955年）から30年ほど経ち、予想もしなかったことが起きる。
　1980年代に提唱されたインフレーション宇宙論は、誕生直後の宇宙が急激に膨張し、その後にビッグバンがあったという新しいストーリーを考え出したが、その急膨張を規定するにはなんらかのエネルギー源が必要となり、そこから宇宙項への関心が、再度高まっていく。宇宙背景放射の観測データの解析や、Ia型超新星の観測などから宇宙の加速膨張が示唆されたことで、今や宇宙項がなくてはならないものになってしまった。
　そう考えると、アインシュタインの人生最大の失敗は、むしろ自分の宇宙項を、一度、否定してしまったことにあると言えるかもしれない。もしあのとき、「宇宙項は必ず必要になる」と発言していれば、天才としての名声はさらに高まったはずだ。

## ★宇宙は、最後、どうなってしまうのか？

　結局、宇宙は動的に変化していくものらしい。それでは、このままずっと時間がたつと、私たちの宇宙はどうなってしまうのだろうか。

　ここでは先ほどの図にあったフリードマン宇宙に、ベルギー出身の宇宙物理学者で膨張宇宙論の提唱者のひとりでもあるジョルジュ・ルメートル(1894〜1966)の理論を加えた「フリードマン・ルメートル宇宙」を考えていこう。ただ、そのためには少々予備知識が必要である。

　以下、監修の川端潔先生に説明してもらおう。

　フリードマン宇宙の場合、空間の曲率の符号は宇宙に現在存在する物質の平均密度$\rho_m$と一対一に対応していて話が極めて簡単である。もしも$\rho_m$が臨界密度と呼ばれるある臨界値$\rho_c$よりも大きいと、空間の曲率は正、等しいとゼロ、小さいと負になる。そのため研究者は$\rho_m$そのものではなく、臨界密度との比$\Omega_m = \rho_m / \rho_c$という量を用いることが多い。そうすると空間の曲率$k$の符号は$\Omega_m > 1$なら正、$\Omega_m = 1$ならゼロ、$\Omega_m < 1$なら負、というわけである。宇宙項のもつエネルギー密度もアインシュタインの有名な方程式$E = mc^2$（$c$は光速）を用いれば、対応した質量密度に直せるので、それと臨界密度との比をとって$\Omega_\Lambda$という具合に表せる。フリードマン・ルメートル宇宙の場合、空間の曲率$k$との関係は$k = \Omega_m + \Omega_\Lambda - 1$となってしまうので、フリードマン宇宙のときのように$k$の符号と$\Omega_m$が一対一に対応、というわけにはいかない。

　それでも、ビッグバン、すなわち大きさがほぼゼロの状態で誕生した宇宙に限定すれば、比較的容易にモデルの分類ができる。先ほど触れた$\Omega_m$と$\Omega_\Lambda$を用いて、

$$k_c = \left(\frac{27}{4}\Omega_\Lambda \Omega_m^2\right)^{\frac{1}{3}}$$

という臨界曲率を考えると、(a)$k > k_c$なら、右の図にあるフリードマン宇宙のモデル1に類似の時間発展をする閉じた宇宙（図のモデル1）、(b)$k = k_c$なら、ビッグバンで始まり、無限の時間をかけてある一定の大きさに漸近していくという、いわばアインシュタインの考えた静止宇宙に近いものになる（図のモデル2）。(c)$k < k_c$ならビッグバンで誕生し、しばらくフリードマ

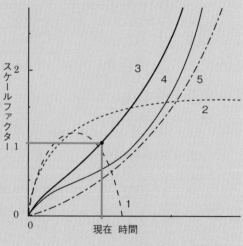

フリードマン・ルメートル宇宙モデルの時間的変化

ン宇宙のように減速膨張したのち、宇宙項の影響で加速膨張に転じて永遠に膨張し続ける宇宙となる（図のモデル3と4）。

特にモデル3は$k=0$、すなわち曲率がゼロで、我々が中学校や高等学校で習うユークリッド幾何学が成り立つ、いわば平らな空間である。現在研究者たちのあいだで最もポピュラーなのがこのモデルであるが、Ia型超新星の観測などに基づき、我々はすでにドジッター期と呼ばれる加速膨張期にいると考えられている。

ハッブル定数を73.2km/sec/Mpc、また$\Omega_m = 0.24$とすれば、現在の宇宙年齢はよく知られた137億年という数字になる。モ

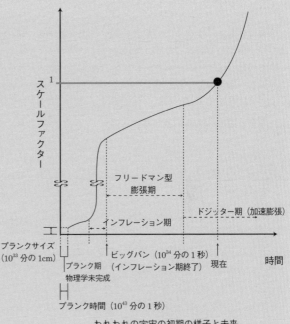

われわれの宇宙の初期の様子と未来

デル4は3よりさらに大きな宇宙項をもった宇宙であるが、最初のうちは膨張速度がモデル3の場合よりもゆっくりしている。しかし加速膨張に移ると、膨張率が急速に増大する。

参考のため宇宙項しかもたないドジッター宇宙の一例をモデル5として図示しておいた。「指数関数的」膨張をする宇宙であるが、我々の宇宙のインフレーション期や現在から未来にかけての加速膨張期（ドジッター期）の様子を表すのに適している。これと混同されがちなものに。「アインシュタイン・ドジッター宇宙」があるが、これは宇宙項がなくて物質だけを含み、曲率がゼロの宇宙モデルで、222ページの図のモデル2、言い換えれば平らなフリードマン宇宙のことである。

私たちの宇宙がどういうもので、どういう未来をむかえるのか、まだ明確な結論は出ていない。今後の研究により、宇宙の生い立ち、宇宙に含まれる物質やエネルギー密度、空間の曲率などがもっと綿密に解明されないと、本当の意味での結論は出ないだろう。

これまでに得られた観測データによれば、宇宙は延々と膨張を続けていくのではないかと考えられている。しかも膨張のスピードはどんどん速くなっているというのだ。えらいこっちゃ。
　収縮に転じることなく、このままずっと宇宙が膨張し続けるとどうなるのか？　当然、最後には空間が極限まで希薄になり、素粒子だけが点々と存在する、物質的にもエネルギー的にも全く揺らぎのない世界……というのが、順当に予測した宇宙の終焉の姿だ。
　ただし、その一方で、今私たちがいる宇宙が唯一絶対の存在ではなく、他にも多くの宇宙があるという「多元宇宙論」を説く学者もいる。本当のところはわからなくても、こっちのほうが夢がありそうだ。

## ★想像が科学理論になっていくおもしろさ

　宇宙のことをいろいろ調べていくと、最終的には、どこの分野でも「今のところはそこまでしかわかっていない」「ここから先は想像になるが」といった記述にぶつかる。つまり人類が生み出し、発達させてきた科学は、自然界の謎をすべて解いたわけではないのだ。
　それどころか、多くの科学者たちは口を揃えて「まだ何もわかっていないのと同じだ」と言う。ただし、そのあとすぐに「だからこそ、研究するおもしろさと価値がある」とつけ加えるのだが……。
　ところで、宇宙には地平線問題というものがある。
　相対性理論によると、ある地点からある地点に光速を超えて情報が伝わることはない。世の中のあらゆるものは、光の速さを超えて加速することはできないのだから、これは当然だ。したがって、遠くの天体を望遠鏡で観測するという行為は、たとえ何万年、何億年前に発せられた光を見ているとしても、私たちにとって宇宙の最新情報を、最速で手に入れていることになるのだ。
　一方、ビッグバン理論は「宇宙には誕生の時期があり、年齢がある」と教えてくれる。宇宙の時間は有限なのだ。
　宇宙の年齢には諸説あるが、だいたい137から146億年前に誕生したと考えられている。ということは、それ以上前に光や電波のような「情報を伝えるもの」はなかったのだから、私たちにとって知ることのできる宇宙は、「この間に光が走り、地球に届くまでの距離」を半径にした球の中でしかない。
　このあいだ、宇宙は膨張を続けているので、実際に宇宙の地平線（事象の地平面）までの距離は約470億光年くらいだ。それ以上先のことは、どんな手を使っても確認できない。そう考えると、残念な気持ちになる人もいるだろう。
　しかし、これはあくまで「物理的に観測できる限界」であって、現在の宇宙論はすでにこの範囲を超えている。グレートウォールとボイドによる宇宙の大規模構造、ダークマターとダークエネルギー、多元宇宙、多次元空間などの研究は、宇宙の地平線に遮られてはいないのだ。

こここそが宇宙について考える最大の楽しみだと思っている。

本来なら絶対に知り得ないことを、観測できる事実から想像し、新たな観測や実験、思考などによって少しずつ確実な理論にしていく。科学とは、このような作業にほかならない。

世の中にはわからないことはたくさんある。科学的な問題だけでなく、他の人の心の中なんて、絶対にわからないだろう。それでも、私たちは人との交流をあきらめない。友達をつくったり、恋をしたりしながら楽しく暮らす。

宇宙への関心も、また同じなのである。

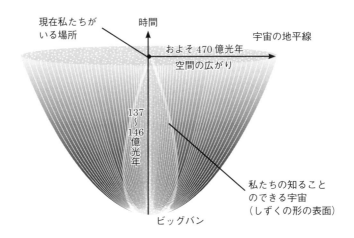

宇宙の地平線

## 監修のことば

　このたび、石川憲二氏の手になる本書の制作をお手伝いすることになった。拙著「はるかな146億光年の旅」を執筆した際に大いにお世話になったこともあり、今回はその御恩返しという気持ちもあった。とはいえ、原稿は可能な限り精査し、誤りや余り適切でない表現があれば、著者や出版社のはた迷惑をかえりみず訂正・改訂をお願いして正確さを期すように心がけた。

　宇宙に関する研究は今や日進月歩で、研究者といえども自分の分野の先端を十分理解することが難しくなっている。ましてや宇宙の全体像をつかむことは誰にとっても至難なわざである。

　そうした観点から本書の内容をみると、太陽系の眺望から始まって最後は宇宙論に至るまで最新の主要な観測結果や理論的成果を実によく調べ上げてまとめていることに驚かされる。しかも天文学や宇宙物理学上の基礎的な事項も決しておろそかにせず丹念に書き込んである。また、宇宙の謎解きに対する著者の高い関心と並々ならぬ熱意に溢れており、本書は極めて躍動的で、ユニークかつ健全な解説書に仕上がっている。

　しかもマンガの持つコミュニケーション手段としての威力は莫大で、言葉をいくら重ねるよりも効果的であることは言を待たない。本書を通じて新宇宙像についての理解を増進し、宇宙に対する興味を新たにし、はたまたその謎の解明に取り組みたいと志す読者が数多く誕生するならば、宇宙論に永年携わってきた監修者にとっても望外の喜びである。

2008年11月

川端　潔

# 参考文献

**書籍・雑誌**

- 『東京理科大学・坊ちゃん選書　はるかな146億光年の旅　宇宙人から最新宇宙論まで』川端潔／著（オーム社）2006
- 『宇宙と太陽系の不思議を楽しむ本　ビッグバンからあなたまでのシナリオ』的川泰宣／著（PHP研究所）2006
- 『宇宙の謎がみるみるわかる本　「宇宙の歴史」から「生命の歴史」まで』的川泰宣／著（PHP研究所）2003
- 『宇宙はわれわれの宇宙だけではなかった』佐藤勝彦／著（PHP研究所）2001
- 『「相対性理論」を楽しむ本　よくわかるアインシュタインの不思議な世界』佐藤勝彦／監修（PHP研究所）1998
- 『相対性理論がみるみるわかる本』佐藤勝彦／監修（PHP研究所）2003
- 『相対性理論と量子論　物理の2大理論が1冊でわかる本』佐藤勝彦／監修（PHP研究所）2006
- 『「宇宙」の地図帳　新常識がまるごとわかる！』縣秀彦／監修（青春出版社）2007
- 『「太陽系」の地図帳　新常識がまるごとわかる！』縣秀彦／監修（青春出版社）2008
- 『新しい太陽系』渡部潤一／著（新潮社）2007
- 『暗黒宇宙で銀河が生まれる　ハッブル＆すばる望遠鏡が見た137億年宇宙の真実』谷口義明／著（ソフトバンククリエイティブ）2007
- 『宇宙を読む　カラー版』谷口義明／著（中央公論新社）2006
- 『世界の論争・ビッグバンはあったか　決定的な証拠は見当たらない』近藤陽次／著（講談社）2000
- 『子どもの疑問からはじまる宇宙の謎解き　星はなぜ光り、宇宙はどうはじまったのか？』三島勇、保坂直紀／著（講談社）2000
- 『宇宙史の中の人間　宇宙と生命と人間』海部宣男／著（講談社）2003
- 『宇宙のからくり　人間は宇宙をどこまで理解できるか？』山田克哉／著（講談社）1998
- 『宇宙　未知への大紀行1　天に満ちる生命』NHK「宇宙」プロジェクト／編（日本放送出版協会）2001
- 『宇宙　未知への大紀行2　宇宙人類の誕生』NHK「宇宙」プロジェクト／編（日本放送出版協会）2001
- 『宇宙　未知への大紀行3　百億個の太陽』NHK「宇宙」プロジェクト／編（日本放送出版協会）2001
- 『宇宙　未知への大紀行4　未来への暴走』NHK「宇宙」プロジェクト／編（日本放送出版協会）2001

- 『ＳＦ宇宙科学講座　エイリアンの侵略からワープの秘密まで』ローレンス・M・クラウス／著、堀千恵子／訳（日経ＢＰ社）1998
- 『藤井旭の天文学入門』藤井旭／著（誠文堂新光社）1990
- 『Cosmos』カール・セーガン／著、木村繁／訳（朝日新聞社）1980
- 『相対論はいかにしてつくられたか　アインシュタインの世界』リンカーン・バーネット／著、中村誠太郎／訳（講談社）1968
- 『光速より速い光　アインシュタインに挑む若き科学者の物語』ジョアオ・マゲイジョ／著、青木薫／訳（日本放送出版協会）2003
- 『四次元の世界　超空間から相対性理論へ』都筑卓司／著（講談社）2002
- 『10歳からの量子論　現代物理をつくった巨人たち』都筑卓司／著（講談社）1987
- 『相対論対量子論　徹底討論・根本的な世界観の違い』メンデル・サックス／著、原田稔／訳（講談社）1999
- 『相対論のＡＢＣ　たった二つの原理ですべてがわかる』福島肇／著（講談社）1990
- 『ＨＡＬ　はいぱあかでみっくらぼ』あさりよしとお／著（ワニブックス）2000
- 『Newton別冊　宇宙への挑戦』（ニュートン・プレス）1999
- 『Newton別冊　次元とは何か』（ニュートン・プレス）2008
- 『理科年表』文部科学省国立天文台／編（丸善）2007
- 『日本童話玉選』佐藤春夫ほか／監修（小学館）1982
- 『竹取物語』阪倉篤義／校訂（岩波書店）1970

### Webサイト
- 宇宙航空研究開発機構（JAXA）：http://www.jaxa.jp/
- 国立天文台：http://www.nao.ac.jp/
- 宇宙図：http://www.nao.ac.jp/study/uchuzu/index.html
- 国立科学博物館：http://www.kahaku.go.jp/
- 理科ねっとわーく　一般公開版（独立行政法人科学技術振興機構）：http://rikanet2.jst.go.jp/
- アメリカ航空宇宙局（NASA）：http://www.nasa.gov/
- 物理のかぎしっぽ：http://www12.plala.or.jp/ksp/
- 山賀 進のWeb site：http://www.s-yamaga.jp/index.htm
- アカデミア・ノーツ：http://www.geocities.jp/maeda_hashimoto/index.html
- アインシュタインの科学と生涯：http://homepage2.nifty.com/einstein/einstein.html
- ＥＭＡＮの物理学：http://homepage2.nifty.com/eman/index.html
- 数理科学のページ：http://home.p07.itscom.net/strmdrf/sci.htm

- スペクトロ・アセニアム - 知の現代：http://www.aa.alpha-net.ne.jp/t2366/index.htm
- ティーチャーズガイド－宇宙をまなぶ－：http://edu.jaxa.jp/materialDB/html/teacher/menu.html
- 岡山理科大学学友会文化局天文部オフィシャルサイト：http://www23.big.or.jp/~tenmon/index.html
- 生命と宇宙 (KenYao'S HOME)：http://www1.fctv.ne.jp/~ken-yao/index.htm
- Koichi Funakubo's Page：http://astr.phys.saga-u.ac.jp/~funakubo/funakubo-j.html
- 重力派実験物理学（大阪市立大学大学院理学研究科数物系専攻宇宙・高エネルギー大講座神田研究室）
- ：http://www.gw.hep.osaka-cu.ac.jp/index_ja.html
- 宇宙と物理の小部屋：http://www008.upp.so-net.ne.jp/takemoto/index.htm
- 不思議館：http://members.jcom.home.ne.jp/invader/index.html
- 月探査情報ステーション：http://moon.jaxa.jp/ja/index_fl.shtml
- 天文おまかせガイド.net：http://astronomy.lolipop.jp/index.html
- 日本惑星協会：http://www.planetary.or.jp/
- ハイパー海洋地球百科事典（独立行政法人海洋研究開発機構）：http://www.jamstec.go.jp/opedia/index.html
- クマムシゲノムプロジェクト：http://kumamushi.org/
- 「地球最強の生物」クマムシ、宇宙でも生存できるか（WIRED VISION）：http://wiredvision.jp/news/200709/2007092722.html
- WIRED NEWS：http://blog.wired.com/wiredscience/2007/09/can-the-worlds-.html

そのほか『ウィキペディア　フリー百科事典』の関連項目を参考にさせていただいています。

# 写真提供

## ●本文

p67 「月面に置かれた距離測定用の鏡」 NASA Johnson Space Center Collection
p85 「水星」 Mariner 10, Astrogeology Team, U.S. Geological Survey
p124 「128億8000万光年離れた銀河」 国立天文台 提供
「すばる望遠鏡」 国立天文台 提供
p125 「国立天文台野辺山の45m電波望遠鏡」 国立天文台 提供
p128 NASA

## ●見返し

「マーズパス・ファインダーによって撮影された火星の表面」 NASA/JPL
「土星の衛星タイタン」 NASA/JPL/Space Science Institute
「木星の衛星イオ」 Credit: Galileo Project, JPL, NASA
「わし座星雲」 The Hubble Heritage Team, (STScI/AURA), ESA, NASA
「かに座星雲」 NASA/ESA/JPL/Arizona State Univ.
「アンドロメダ銀河」 Jason Ware
「ハッブルディープフィールド」 NASA, ESA, S. Beckwith (STScI) and the HUDF Team

# 索 引

## 英語

CfA2 Great Wall ･･････････････ 141
Ia 型超新星 ･････････････････ 188
Milky Way ･････････････････ 103
Sloan Great Wall ･･････････････ 141
UFO ･････････････････････ 27
WMAP衛星 ････････････････ 166

## あ行

アインシュタイン ････････････ 223
アインシュタイン・ドジッター宇宙 ･･･ 227
アポロ 11 号 ････････････････ 13
天の川（銀河）･･････････････ 100
アリスタルコス ･･････････ 40、45、126
アリストテレス ･･････････････ 39
アレクサンドル・フリードマン ････ 223
アンドロメダ銀河（星雲）････ 111、144
一般相対性理論 ･････････････ 223
ウィルソン天文台 ･･･････ 124、143
渦巻き銀河 ････････････････ 110
宇宙原理 ････････････････ 180
宇宙項 ･････････････････ 225
宇宙の大規模構造 ･･･････････ 140
宇宙マイクロ波背景放射 ･･･････ 166
馬の鞍型宇宙 ･･････････････ 223
エウロパ ･･････････････ 88、183
エラトステネス ･･････････ 20、68

エリダヌス座エプシロン星 ･･････ 183
炎色反応 ･･････････････････ 151
エンリコ・フェルミ ･･････････ 181
オールトの雲 ････････････ 107、128
おとめ座超銀河団 ･･･････････ 205

## か行

カール・セーガン ･･･････････ 181
海王星 ･････････････････ 91
回帰線 ･･･････････････････ 20
蓋天説 ･･･････････････････ 19
カイパー帯（カイパーベルト）･･････ 128
ガウスの曲率 ････････････････ 220
火星 ･･･････････････････ 87
ガニメデ ･･･････････････ 95、183
ガリレオ・ガリレイ ･･････ 54、71、118
カント ･････････････････ 122
局部銀河群（局所銀河群）･････ 205
局部超銀河団 ･･･････････････ 205
曲率 ･････････････････････ 219
銀河群 ･･･････････････････ 138
銀河団 ･･･････････････････ 113
金星 ･･･････････････････ 86
クォーク ････････････････ 168
くじら座タウ星 ･････････････ 183
クマムシ ･････････････････ 185
グレートウォール ･･･････ 141、205
ケプラーの法則 ･･････････ 58、72、75

235

| | |
|---|---|
| ケンタウルス星アルファ座 | 184、203 |
| 光子（フォトン） | 167 |
| 恒星天 | 119 |
| 光年 | 106 |
| コーナーキューブミラー | 67 |
| 国立天文台野辺山 | 125 |
| コペルニクス | 39、70 |
| コロナ | 98 |
| 渾天説 | 19 |

## さ行

| | |
|---|---|
| 島宇宙（Island Universe） | 122、137 |
| シモン・マリウス | 123 |
| ジャイアント・インパクト説 | 95 |
| シャプレー | 187 |
| 小マゼラン銀河 | 141 |
| ジョルジュ・ルメートル | 226 |
| 水星 | 85 |
| すばる望遠鏡 | 124 |
| スペースワープ | 207 |
| スライファー | 148 |
| 赤方偏移 | 148 |
| 斥力 | 224 |
| 絶対時間（超時間） | 207 |
| 絶対等級 | 186 |
| セファイド変光星 | 187 |
| 相対性理論 | 202 |
| 素粒子 | 111、167 |

## た行

| | |
|---|---|
| ダークエネルギー | 111 |
| ダークマター（暗黒物質） | 109、111 |
| タイタン | 95、183 |
| 大マゼラン銀河 | 141 |
| 多元宇宙論 | 215、217 |
| 地球型惑星 | 88 |
| 地動説 | 39 |
| 地平線問題 | 228 |
| チューブワーム | 182 |
| 超宇宙原理 | 217 |
| 超銀河団 | 113 |
| 超空間 | 165 |
| デモクリトス | 118 |
| 天王星 | 90 |
| 天王星型惑星（巨大氷惑星） | 90 |
| 『天球の回転について』 | 53 |
| 天動説 | 38 |
| 電波望遠鏡 | 125 |
| 天文単位（AU） | 79、107 |
| ドジッター期 | 227 |
| 土星 | 89 |
| ドップラー効果 | 149 |
| トラクトリクス回転面 | 208、221 |
| ドレイクの方程式 | 180 |

## な行

ニュートリノ ・・・・・・・・・・・・・・・・・・・・・・ 111
ニュートン ・・・・・・・・・・・・・・・・・・・・・・・・ 223
年周視差 ・・・・・・・・・・・・・・・・・・・・・・・・・・ 127

## は行

ハーシェル ・・・・・・・・・・・・・・・・・・・・・・・・ 120
パーセク ・・・・・・・・・・・・・・・・・・・・・・・・・・ 127
ハッブル ・・・・・・・・・・・・・・・・・・・・・・・・・・ 142
ハッブル宇宙望遠鏡 ・・・・・・・・・・・・・・・・ 124
ハッブル定数 ・・・・・・・・・・・・・・・・・・・・・・ 162
パロマー山天文台 ・・・・・・・・・・・・・・・・・・ 124
反クォーク ・・・・・・・・・・・・・・・・・・・・・・・・ 169
反射式望遠鏡 ・・・・・・・・・・・・・・・・・・・・・・ 124
反物質 ・・・・・・・・・・・・・・・・・・・・・・・・・・・・ 169
ビッグバン ・・・・・・・・・・・・・・・・・・・・・・・・ 130
ビッグバン理論 ・・・・・・・・・・・・・・・・・・・・ 159
ヒッパルコス ・・・・・・・・・・・・・・・・・・・・・・ 69
フェルミのパラドクス ・・・・・・・・・・・・・ 182
プトレマイオス ・・・・・・・・・・・・・・・ 51、70
ブラーエ ・・・・・・・・・・・・・・・・・・・・・・・・・・ 71
ブラックホール ・・・・・・・・・・・・・・・・・・・・ 110
プランク時代 ・・・・・・・・・・・・・・・・・・・・・・ 163
フランク・ドレイク ・・・・・・・・・・・・・・・・ 180
フリードマンの宇宙モデル ・・・・・・・・・ 222
フリードマン・ルメートル宇宙 ・・・・・・ 226
ヘルツシュプルング・ラッセル図 ・・・・ 186
ボイド ・・・・・・・・・・・・・・・・・・・・・・・・・・・・ 205
棒渦巻き銀河 ・・・・・・・・・・・・・・・・・・・・・・ 110

## ま行

脈動変光星 ・・・・・・・・・・・・・・・・・・・・・・・・ 187
冥王星 ・・・・・・・・・・・・・・・・・・・・・・・ 92、128
木星 ・・・・・・・・・・・・・・・・・・・・・・・・・・・・・・ 88
木星型惑星 ・・・・・・・・・・・・・・・・・・・・・・・・ 88

## や行

ヨハネス・ケプラー ・・・・・・・・・・・・・ 58、72

## ら行

離心率 ・・・・・・・・・・・・・・・・・・・・・・・・・・・・ 76
レプトン ・・・・・・・・・・・・・・・・・・・・・・・・・・ 168

## わ行

惑星系 ・・・・・・・・・・・・・・・・・・・・・・・・・・・・ 140

●著　者（本文解説・マンガシナリオ）
石川憲二　Kenji Ishikawa
科学技術ジャーナリスト
1958年、東京生まれ。東京理科大学理学部卒業。週刊誌記者を経て、フリーランスの編集者＆ライターに。書籍や雑誌記事の制作、小説およびコラムの執筆を行っているほか、20年以上にわたって多くの技術者や研究者に取材し、一般向けの解説原稿を書いている。扱ってきた科学技術領域は、電気、機械、航空・宇宙、デバイス、材料、化学、コンピュータ、システム、通信、ロボット、エネルギーなど。
＜主な著書＞
『マンガでわかる量子力学』
『宇宙エレベーター －宇宙旅行を可能にする新技術－』
『「未来マシン」はどこまで実現したか？　－エアカー・超々音速機・腕時計型通信機・自動調理器・ロボット－』（以上、オーム社）
『砂漠の国に砂を売れ　ありふれたものが商品になる大量資源ビジネス』（KADOKAWA/角川書店）

●監　修
川端　潔　Kiyoshi Kawabata
東京理科大学理学部物理学科名誉教授　理学博士, Ph.D.
1940年、三重県生まれ。64年、京都大学理学部宇宙物理学科卒業。大学院博士課程の途中で米国に留学し、73年、ペンシルベニア州立大学大学院で天文学専攻の博士号（Ph.D.）を取得。その後、京都大学でも宇宙物理学で理学博士の学位を認められた。74年、コロンビア大学の研究員を経てNASAゴダード宇宙科学研究所の研究員となり約8年間勤務。82年から東京理科大学理学部物理学科助教授、90年から2016年まで学部および大学院教授として後進の指導にあたる。専門は宇宙物理学、特に観測的宇宙論と放射伝達理論。
＜主な著書＞
『はるかな146億光年の旅』（オーム社）
『パソコンで宇宙物理学　計算宇宙物理学入門』（翻訳）（国書刊行会）
『物理学実験 — 基礎編』（共著）（内田老鶴圃）

●作　　画　柊　ゆたか

●制　　作　ウェルテ：新井聡史・川﨑堅二

本書は2008年11月発行の「マンガでわかる宇宙」を、判型を変えて出版するものです。

- 本書の内容に関する質問は、オーム社書籍編集局「(書名を明記)」係宛に、書状または FAX(03-3293-2824)、E-mail(shoseki@ohmsha.co.jp) にてお願いします。お受けできる質問は本書で紹介した内容に限らせていただきます。なお、電話での質問にはお答えできませんので、あらかじめご了承ください。
- 万一、落丁・乱丁の場合は、送料当社負担でお取替えいたします。当社販売課宛にお送りください。
- 本書の一部の複写複製を希望される場合は、本書扉裏を参照してください。

JCOPY ＜(社)出版者著作権管理機構 委託出版物＞

## ぷち　マンガでわかる宇宙

平成28年5月20日　第1版第1刷発行

監 修 者　川 端　　潔
著　　者　石 川 憲 二
作　　画　柊 ゆ た か
制　　作　ウ ェ ル テ
発 行 者　村 上 和 夫
発 行 所　株式会社 オーム社
　　　　　郵便番号　101-8460
　　　　　東京都千代田区神田錦町 3-1
　　　　　電話　03(3233)0641(代表)
　　　　　URL　http://www.ohmsha.co.jp/

© 川端　潔・石川憲二・ウェルテ 2016

印刷・製本　壮光舎印刷
ISBN978-4-274-21902-3　Printed in Japan

# オーム社の マンガでわかる シリーズ

### マンガでわかる 統計学
- 高橋 信 著
- トレンド・プロ マンガ制作
- B5 変判／224 頁
- 定価：2,000 円＋税

### マンガでわかる 統計学[回帰分析編]
- 高橋 信 著
- 井上 いろは 作画
- トレンド・プロ 制作
- B5 変判／224 頁
- 定価：2,200 円＋税

本家「マンガでわかる」シリーズもよろしく！

### マンガでわかる 統計学[因子分析編]
- 高橋 信 著
- 井上いろは 作画
- トレンド・プロ 制作
- B5 変判／248 頁
- 定価 2,200 円＋税

**マンガでわかる**
### 電気数学
- 田中賢一 著
- 松下マイ 作画
- オフィス sawa 制作
- B5 変判／268 頁
- 定価　2,200 円＋税

**マンガでわかる**
### 物理［光・音・波編］
- 新田 英雄 著
- 深森 あき 作画
- トレンド・プロ 制作
- B5 変判／240 頁
- 定価　2,000 円＋税

**マンガでわかる**
### 電　気
- 藤瀧和弘 著
- マツダ 作画
- トレンド・プロ 制作
- B5 変判／224 頁
- 定価　1,900 円＋税

---

**ホームページ**　http://www.ohmsha.co.jp/　　　**TEL／FAX**　TEL.03-3233-0643　FAX.03-3233-3440

# Memo

土星 p89

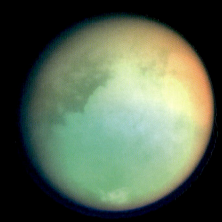
土星の衛星タイタン p183

木星 p88

木星の衛星イオ